软件项目管理实验指导

王家乐　厉小军　主编

浙江工商大学出版社
ZHEJIANG GONGSHANG UNIVERSITY PRESS

图书在版编目(CIP)数据

软件项目管理实验指导 / 王家乐,厉小军主编. ——
杭州:浙江工商大学出版社,2013.8(2023.1 重印)
ISBN 978-7-81140-948-2

Ⅰ. ①软… Ⅱ. ①王… ②厉… Ⅲ. ①软件开发—项
目管理—高等学校—教学参考资料 Ⅳ. ①TP311.52

中国版本图书馆 CIP 数据核字(2013)第 187169 号

软件项目管理实验指导

王家乐 厉小军 主编

责任编辑	王黎明	
封面设计	王妤驰	
责任印制	包建辉	
出版发行	浙江工商大学出版社	
	(杭州市教工路 198 号 邮政编码 310012)	
	(E-mail:zjgsupress@163.com)	
	(网址:http://www.zjgsupress.com)	
	电话:0571-88904970,88831806(传真)	
排　版	杭州朝曦图文设计有限公司	
印　刷	广东虎彩云印刷有限公司绍兴分公司	
开　本	787mm×960mm　1/16	
印　张	7.25	
字　数	134 千	
版 印 次	2013 年 8 月第 1 版　2023 年 1 月第 2 次印刷	
书　号	ISBN 978-7-81140-948-2	
定　价	16.00 元	

"计算机与软件工程实验指导丛书"编委会

总　序

以计算机技术为核心的信息产业极大地促进了当代社会和经济的发展,培养具有扎实的计算机理论知识、丰富的实践能力和创新意识的应用型人才,形成一支有相当规模和质量的专业技术人员队伍来满足各行各业的信息化人才需求,已成为当前计算机教学的当务之急。

计算机学科发展迅速,新理论新技术不断涌现,而计算机专业的传统教材特别是实验教材仍然使用一些相对落后的实验案例和实验内容,无法适应当代计算机人才培养的需要,教材的更新和建设迫在眉睫。目前,一些高校在计算机专业的实践教学和教材改革等方面做了大量工作,许多教师在实践教学和科研等方面积累了许多宝贵经验,将他们的教学经验和科研成果转化为教材,介绍给国内同仁,对于深化计算机专业的实践教学改革有着十分重要的意义。

为此,浙江工商大学出版社、浙江工商大学计算机技术与工程实验教学中心及软件工程实验教学中心邀请长期工作在教学科研第一线的专家教授,根据多年人才培养及实践教学的经验,针对国内外企业对计算机人才的知识和能力需求,组织编写了"计算机与软件工程实验指导丛书"。该丛书包括《操作系统实验指导》《嵌入式系统实验指导》《数据库系统原理学习指导》《Java 程序设计实验指导》《接口与通信实验指导》《My SQL 实验指导》《软件项目管理实验指导》《软件工程实践实验指导》《软件工程开源实验指导》《计算机应用技术(办公软件)实验指导》等书,涵盖了计算机及软件工程等专业的核心课程。

　　丛书的作者长期工作在教学、科研的第一线,具有丰富的教学经验和较高的学术水平。教材内容凸显当代计算机科学技术的发展,强调掌握相关学科所需的基本技能、方法和技术,培养学生解决实际问题的能力。实验案例选材广泛,来自于学生课题、教师科研项目、企业案例以及开源项目,强调实验教学与科研、应用开发、产业前沿紧密结合,体现实用性和前瞻性,有利于激发学生的学习兴趣。

　　我们希望本丛书的出版对国内计算机专业实践教学改革和信息技术人才的培养起到积极的推动作用。

"计算机与软件工程实验指导丛书"编委会

2012 年 7 月

前　言

目前,我国软件行业发展非常迅速,但从国内软件企业的发展态势看,"软件危机"的阴影仍然存在,软件行业的项目实施情况一直很不乐观。软件项目失败的原因主要有两个:一是应用项目的复杂性;二是缺乏合格的软件项目管理人才。实践证明,缺乏有效的项目管理是导致软件项目失控的直接原因。要改变这一状况,必须要造就一批真正能够设计复杂软件的高级系统分析人员和开发人员,一批能够确保大中型软件项目按要求完成的中高级项目管理人员,以及一批具有规范的项目管理流程的软件企业。要实现这个目标,必须有软件项目管理理论的指导,对于从事软件开发的人员来说,学习《软件项目管理实验指导》就显得非常重要。

《软件项目管理实验指导》注重理论性和实践性并重,对具体的软件开发和管理有很强的指导意义。要想使学生能够更加深入地了解软件项目管理的相关理论,必须将理论与实践相结合。本实验指导书首先对几种常用软件项目管理工具软件的安装、使用方法进行了较为详细的叙述,然后提供了若干实验案例。学生通过学习软件项目开发案例,在实例中掌握软件项目管理的相关理论,从而为以后更好地进行软件项目开发和管理打下基础。

本书在编写过程中得到了浙江工商大学计算机与信息工程学院实验教学示范中心的大力支持,浙江工商大学出版社的蒋红群编辑对本书的编写提出了许多有益的意见,使本书得以顺利出版。在此谨向他们表示衷心的感谢。

由于编者水平所限,书中难免存在错误和不足之处,恳请广大读者对本书提出宝贵的意见和建议。

编者著

2013 年 5 月

目　　录

绪　论 ……………………………………………………………… 1

第一章　软件项目管理工具综述 ……………………………… 3

　第一节　软件项目管理工具主要功能 ……………………… 3

　第二节　常用软件项目管理工具介绍 ……………………… 6

　第三节　软件项目管理工具选择 …………………………… 13

第二章　MS Project 的操作使用 …………………………… 15

　第一节　启动 Project Standard …………………………… 15

　第二节　视图 ………………………………………………… 18

　第三节　设置非工作日 ……………………………………… 22

　第四节　设置人员资源 ……………………………………… 24

　第五节　设置设备资源 ……………………………………… 26

　第六节　设置材料资源 ……………………………………… 27

　第七节　设置成本资源 ……………………………………… 28

　第八节　输入资源费率 ……………………………………… 29

　第九节　为单个资源调整工作时间 ………………………… 29

　第十节　为任务分配工时资源 ……………………………… 32

　第十一节　为任务分配材料资源 …………………………… 36

　第十二节　为任务分配成本资源 …………………………… 37

　第十三节　保存项目的基准 ………………………………… 38

　第十四节　根据日程跟踪项目 ……………………………… 40

第十五节　输入任务完成比例 …………………………………… 41
第十六节　输入任务的实际值 …………………………………… 43
第十七节　项目管理重点：项目是否按计划进行 ……………… 46

第三章　XPlanner 的安装和使用 ……………………………… 47

第一节　安装 XPlanner ………………………………………… 47
第二节　XPlanner 基本操作 …………………………………… 52
第三节　添加人员、导入人员、将已有人员移到项目 ……… 54
第四节　创建 Story 与 Task …………………………………… 55

第四章　Visual SourceSafe 的操作使用 ……………………… 61

第一节　第一次登录 …………………………………………… 61
第二节　主界面 ………………………………………………… 61
第三节　常用操作 ……………………………………………… 62

第五章　SVN 的安装和使用 …………………………………… 77

第一节　SVN 简介 ……………………………………………… 77
第二节　SVN 的安装和配置 …………………………………… 78
第三节　SVN 基本操作 ………………………………………… 81

第六章　项目进度计划实验 …………………………………… 92

第七章　项目成本计划实验 …………………………………… 96

第八章　项目进度控制实验 …………………………………… 98

第九章　项目配置管理(VSS)实验 …………………………… 100

第十章　项目配置管理(SVN)实验 ………………………… 102

参考文献 ………………………………………………………… 103

绪　　论

目前,软件项目管理课程大多以课堂授课为主,实践教学课时所占比例较低。在教学过程中,编者发现过多的理论讲述不利于调动学生的积极性,不能较好激发学生学习本课程的兴趣。因此,编者希望能加大软件项目管理课程实践教学的强度,增加实践教学内容与课时,这是本书的编写宗旨之一。本书内容可以安排 15～20 课时的实验课。教师也可根据实际情况,对本书内容做选择性的讲授。

本书分成两大部分。第一部分(第一章至第五章)对几个常用软件项目管理工具软件的安装和使用方法进行阐述,此部分内容可作为学生实验时的操作参考手册。第二部分(第六章至第十章)设计了若干实验案例,让学生在案例模式下学习各个软件项目管理工具软件的操作方法,从而有效地达成实践教学目的。书本各章内容如下所述。

第一章　软件项目管理工具综述。概述各个软件项目管理工具软件的用途,简要介绍了本书所涉及的几个软件项目管理工具软件的特点和主要功能。

第二章　MS Project 的操作使用。对 MS Project 的主要功能和操作进行了较为详细的说明,包括:添加任务、各类视图的查看、设置各种资源、调整日历、分配任务等。

第三章　XPlanner 的安装和使用。对 XPlanner 的安装方法和主要操作进行了较为详细的说明,包括:添加人员、创建项目、创建 Iteration、创建 Story 和 Task 等。

第四章　Visual SourceSafe 的操作使用。对 Visual SourceSafe 的主要功能和操作进行了较为详细的说明,包括:文件的签入/签出、查看文件历史版本、比较不同文件不同版本间的异同等。

第五章　SVN 的安装和使用。对 SVN 的安装方法和主要操作进行了较为详细的说明,包括:SVN 的安装和配置、项目文件夹的导入、文件的签出/提交/更新/合并/回退等。

第六章　项目进度计划实验。提供一个软件开发的模拟案例,针对此案例利用 MS Project 软件做出项目的进度计划。

第七章　项目成本计划实验。提供一个软件开发的模拟案例(与第六章案例相同),针对此案例利用 MS Project 软件做出项目的成本计划。

第八章　项目进度控制实验。提供一个软件开发的模拟案例(与第六章案例相同),针对此案例利用 MS Project 软件对项目做进度跟踪控制。

第九章　项目配置管理(VSS)实验。使用 Visual SourceSafe 对软件项目的源代码和文档进行版本管理。

第十章　项目配置管理(SVN)实验。使用 SVN 对软件项目的源代码和文档进行版本管理。

第一章　软件项目管理工具综述

　　软件项目管理课程主要通过学习软件项目管理的各种知识、方法、技术和工具,让学生在短时间内掌握软件项目管理的基本知识,培养学生在软件开发中管理软件项目的基本能力,使学生掌握规范化的软件开发和质量控制过程。因此,软件项目管理课程是一门理论性和实践性都很强的课程。随着计算机技术的发展,为了提高项目管理的效率,诸多行业都引入了项目管理软件工具。学习项目管理工具的使用能让学生形象地认识到项目管理的相关理论和过程是如何应用的,因此在实践教学中一个重要的内容就是学习使用经典项目管理工具。

第一节　软件项目管理工具主要功能

　　软件项目管理的大部分内容与以 PMBOK 为代表的"通用项目管理"相一致,但又有不同之处,如配置管理等。因此,软件项目管理工具除通用项目管理工具外,还包括需求管理工具、配置管理工具等。

一、通用项目管理工具主要功能

　　通用项目管理工具(现在一般指软件)是为了使项目能够按照预定的成本、进度、质量顺利完成,而对人员(People)、产品(Product)、过程(Process)和项目(Project)进行分析和管理的一类软件。众所周知,项目管理中涉及很多项目管理数据,如果只通过人工管理通常很麻烦。而项目管理工具通过收集,综合和分析软件项目管理过程的数据,用来支持项目从启动到收尾的各个方面,以帮助项目管理人员进行范围管理、进度管理、费用管理和配置管理等,这不仅可以方便项目管理,而且还有助于项目开发过程的统一和规范,方便项目相关人员沟通,从而节省开发时间和成本,提高项目开发的质量。

通用项目管理软件首先能记录和更新各种数据,如项目的各项任务、所用资源及进度安排等数据资料;其次能对所收集的数据进行自动计算,以减少管理人员的工作量;最后能对收集的数据进行分析处理,以形成各种报表供用户查询、分析和决策。通常,项目管理软件应具有如下功能:

1. 制订计划及排定任务日程

用户输入 WBS 分解后的各项任务,明确各任务的先后顺序以及可使用的资源,对项目中的每项任务排定起始日期和预计工期。软件根据任务信息和资源信息排定项目日程,并随任务和资源的修改而调整日程。

2. 费用预算和控制

把进度计划中所用资源的使用成本、所用材料的单价、人员工资等一次性分配到各任务,工具根据进度计划就可得到该项目的完整费用预算。在项目实施过程中,可随时对单个资源或整个项目的实际成本进行分析、比较。

3. 跟踪项目的进展情况

大多数项目管理工具都可以跟踪多种活动,如进行中或已完成的任务、相关的费用、所用的时间、起止日期、实际投入或花费的资金、耗用的资源,以及剩余的工期、资源和费用等。用户通过定义一个基准计划,在实际执行过程中,根据输入当前资源的使用状况或任务的完成情况,自动产生多种报表和图表,如"资源使用状况"表、"任务分配状况"表、进度图表等,还可以对自定义时间段进行跟踪。

4. 资源管理

项目的费用、进度都与资源直接相关,现有的项目管理软件都提供资源管理功能。用户可列明各种资源的名称、资源可以利用的时间、资源的利用率、资源标准费率、资源的收益方法等,形成资源清单。系统能根据用户的进度安排,突出显示不合理配置,帮助用户调整和修改资源配置。

5. 报表功能

绝大多数项目管理软件都有丰富的报表功能,能在许多数据资料的基础上,快速、简便地生成多种报表和图表,如甘特图、网络图、资源图表、日历等。

6. 数据资料的转换

项目管理软件一方面允许用户从其他应用程序中获取资料,如电子表格Excel、通讯录以及各种数据库等。另一方面用户也可以把项目管理软件的一些信息输入到这些应用程序中。一些项目管理软件还可以通过电子邮件发送项目信息,项目人员通过电子邮件获取信息,如最新的项目计划、当前任务完成情况以及各种工作报表。

7. 处理多个项目及子项目

为了便于管理，一个复杂的项目通常分解为多个子项目。另外，一个项目经理同时管理好几个项目，项目组成员同时可能参加多个项目的工作，需要在多个项目中分配工作时间。现有的项目管理软件一般都能满足这些需求，它可以通过将不同的项目储存在不同的文件里，这些文件相互链接；也可以通过一个大文件存储多个项目，同时处理多个项目，这样便于组织、查看和使用相关数据。

8. 排序和筛选

大多数项目管理软件都提供排序和筛选功能。通过排序，用户可以按所需顺序浏览信息，如按字母顺序显示任务和资源信息。通过筛选，用户可以指定需要显示的信息，而将其他信息隐藏起来，如只显示未完成的任务、里程碑计划等。

9. 假设分析

在项目管理中，项目经理经常需要对项目进行假设分析，如假设某任务拖延一周，项目会有什么结果。用户可通过项目管理工具提供的假设分析功能，计算出该任务延时对整个项目的影响。这样，项目经理可以根据各种情况的不同结果进行优化，更好地控制项目的进展，从而更好地控制项目的各种风险。

二、其他软件项目管理工具功能

通用项目管理工具尽管能满足软件项目管理中的资源管理、进度管理、费用管理等要求，但不能支持软件项目管理中特有的需求管理和配置管理，因此软件项目管理工具除通用项目管理工具外，还应包括需求管理工具和配置管理工具。

1. 需求管理工具功能

需求管理是软件项目管理的重要组成部分，研究表明大量的项目因为需求的改变，使得项目没有取得成功：它们超出预算，超过截止日期，甚至中途放弃。由于软件的特殊性，需求很难一次性获取，因此利用需求管理工具系统化的获取、组织和记录一个系统的需求，并为客户和项目团队建立和维护一致的需求变化就显得特别重要，这在某种程度上会决定项目的成败。需求管理工具一般应具有以下功能：

（1）记录和组织需求。用户在项目早期策划阶段可使用需求管理工具记录需求信息，并提供有效的组织结构，便于用户浏览和管理需求。

（2）跟踪需求。在需求获取和分析阶段，由于需求本身的模糊性，同一需求可能会发生比较大的变化，也可能是来自不同的客户，需求有区别，利用需求管理工具可以记录需求的历史变化信息，为以后进行回溯提供便利。在项目开发期间，工具可以及时跟踪需求的实现程度，避免在产品交付时发生产品质量不能满足客户需求的情况。

（3）需求变更管理。在项目开发的阶段，由于外部环境变化等原因需求往往会发生变更,频繁的变更会带来很多风险,例如降低用户满意度、降低产品质量等。需求管理工具提供了有效的控制机制来管理需求变更,如需求变更的评审,同时工具提供充分的信息帮助用户确定变更的影响范围,支持用户作出合理的决策。

2. 配置管理工具功能

软件项目的开发和实施往往都是在"变化"中进行,软件项目的变化是持续和永恒的,其变化包括需求变化、技术变化、系统架构变化、代码变化和环境变化等。有效的项目管理不是控制项目的变化,而是以最有效的手段应对变化。因此,在软件项目管理中常引入配置管理,用来解决在受控的方式下引入变更、监控变更的执行、检验变更的结果、最终确认变更,并使变更具有追溯性。根据软件配置管理的要求,配置管理工具一般具有以下功能:

(1)版本控制。配置管理工具能记录项目和文件的修改轨迹,跟踪修改信息,使软件开发工作以基线(Baseline)渐进方式完成,从而避免了软件开发不受控制的局面,使开发状态变得有序。

配置管理工具能对同一文件的不同版本进行差异比较,可以恢复个别文件或整个项目的早期版本,使用户方便地得到升级和维护必需的程序和文档。

(2)变更管理。配置管理工具提供有效的问题跟踪和系统变更请求管理。通过对软件生命周期各阶段所有的问题和变更请求进行跟踪记录,来支持团队成员报告(Report)、抓取(Capture)和跟踪(Track)与软件变更相关的问题,以此了解谁改变了什么,为什么改变。它能有效地支持不同开发人员之间,以及客户和开发人员之间的交流,避免了无序和各自为政的状态。

(3)独立的工作空间。配置管理工具为并行开发提供独立的工作空间(工作目录),使开发团队成员能协同、并发地工作,以提高软件开发的效率。

(4)权限控制。权限控制对配置管理工具来说至关重要。一方面,既然是团队开发,就可能需要限制某些成员的权限;特别是大项目往往牵扯到子项目外包,到最后联调阶段会涉及很多不同的单位,更需要权限管理。另一方面,权限控制也减小了误操作的可能性,间接提高了工具的可用性。

第二节　常用软件项目管理工具介绍

一、Primavera Project Planner（P3）

P3是美国Primavera公司集几十年工程经验、计算机技术和项目管理方法于一体,编制的能对工程项目进度进行有效控制的一个工程项目计划管理软件。该软件是建立在网络计划技术 CPM(关键路径法)基础上的 P3 软件,主要用于项目进度计划、动态控制、资源管理和成本控制。P3 是项目管理专家们最推崇的选择,是当今项目管理软件公认的标准。

P3 依据的基本原理就是网络计划技术,P3 使用该技术来计算进度,进行进度计划管理。P3 依据进度计划和资源投入的曲线分布原理,进行资源计划和成本/投资(统称费用)计划管理。它提供了多种组织、筛选、比较和分析工程数据的方法,并可以制作符合工程管理要求的多种类型的数据图形和报表。

P3 作为商品化的项目管理软件,其主要特点有:

(1)P3 适用于任何工程项目,能有效地控制大型复杂项目。即 P3 能处理大时间跨度、繁杂和多日历的工程,能处理多达 10 万多条工序的项目,支持无限资源,提供多个目标基准计划作为对比依据。

(2)P3 能同时管理多个工程。多个工程是指企业同时有多个在建工程,或者一个大型复杂的工程划分为若干个标段工程。P3 考虑了各种可能的情况,使用户轻松控制和协调多个工程,如主工程和子工程的层次管理、工程间的关系处理、多用户共享同一工程数据、远程工程的计划进度通过电子邮件下达和上报,等等。

(3)P3 提供各种资源平衡技术,可模拟实际资源消耗曲线、延时。

(4)P3 可连接企业信息系统,支持工程各部门之间通过局域网或 Internet 进行信息交换,使项目管理者可随时掌握工程进度。

(5)P3 的强大功能是使它的数据可与整个公司的信息相结合。P3 还支持ODBC,可以与 Windows 程序交换数据,通过与其他系列产品的结合支持数据采集、数据存储和风险分析。

(6)P3 有丰富、直观的图形接口,可以快速地编排任何大型和复杂工程的进度和资源计划。

P3 的主要功能有:

(1)能够根据项目的任务分解结构将项目的工作范围从大到小进行分解,直至可操作的工作单元,也可以将组织机构逐级进行分解,形成最基层的组织单元,并将每一工作单元落实到相应的组织单元去完成。

(2)根据不同管理层的要求,在任务分解结构或组织分解结构的任意层次上进行统计和汇总。

(3)提供强大的作业分类码功能,可以非常方便地按用户指定的要求组织作业数据。比如,可以按负责人、位置、工作类型、工作阶段等方式对作业数据进行分类和汇总。组织和重新组织工程数据可以及时地从任意角度来审阅工程进展。

(4)根据工程的属性任意对工作进行筛选、分组、排序、汇总。

Primavera 公司开发的 P3 软件的市场占有率是比较高的。目前国内的大型、特大型项目建设几乎都采用了该软件进行工程的项目管理。该软件系列具有通过各种视图、表格同时管理多个项目,通过开放的数据库与其他系统相结合进行分析和决策,能自动生成百余种标准报告进行文档管理等功能,并能通过电子邮件传递信息,进行交流。

二、IBM Rational Portfolio Manager（RPM）

RPM 支持随需应变的项目管理,是一个企业级的项目组合管理平台。它将分散在各地的项目团队以及项目管理涉及的各个领域内容集成在一个统一的框架中,并通过多维的可视化界面显示项目和项目组合的健康状况以及与企业商业战略的一致性,为管理层的投资决策提供实时的支持。

RPM 的重要特性有:

(1)全方位可视化的项目组合分析。

(2)工作管理。

(3)集中式的人力资源管理。

(4)财务管理。

(5)时间和费用跟踪。

(6)范围管理。

(7)文档管理。

(8)工作流程和实时沟通。

RPM 的主要功能有:

(1)提供了一个完整的包含企业资源职位、技能,能够实时记录资源负载、需求情况和已分配资源执行状况的资源库。

(2)提供了资源的规划和优化平衡能力,保证了企业关键资源总是与高优先级的项目保持一致。

(3)通过为企业提供项目和大型项目的全生命周期的管理,RPM 确保项目管理办公室和项目经理能够快速完成项目规划、执行和监控过程,保证实时获得项目的可见性,管理项目绩效,从而快速作出各种决策。

(4)RPM 具有良好的伸缩能力和灵活性,可以满足不同企业规模、不同项目管理水平与成熟度、不同项目类型、不同项目规模与项目复杂度的需要。

RPM 的优点是产品化程度更高、可配置性非常强、精细化程度高、分析功能强大。缺点是注重精细化和自动化,是一个理想管理环境的解决方案,不支持软件估算,价格也非常昂贵。

三、Microsoft Project

Microsoft Project(MSP)是由微软开发销售的以进度计划为核心的项目管理软件程序。软件设计目的在于协助项目经理发展计划、为任务分配资源、跟踪进度、管理预算和分析工作量。

Microsoft Project 主要功能有：

(1)创建项目计划。

(2)管理项目。

(3)交换项目信息。

(4)更富弹性的项目管理。

(5)更便捷地协调工作。

(6)改善团队工作效率。

(7)更方便地访问项目信息。

(8)扩展项目管理。

(9)改善容量和性能。

Microsoft Project 主要特点有：

(1)有效地管理和了解项目日程。

(2)快速提高工作效率。

(3)利用现有数据。

(4)构建专业的图表和图示。

(5)有效地交流信息。

(6)进一步控制资源和财务。

(7)快速访问所需信息。

(8)根据需要跟踪项目。

(9)根据需要自定义。

(10)在需要时获得帮助。

Microsoft Project 是一个强有力的计划、分析和管理工具,能够让你创建企业范围对具体任务要求较高的项目进行管理。该程序通过把一个项目分解为易于管理的步骤,能够对最复杂的计划进行可视化分析,可以让你看到任务是如何相互联系的,便于制订全面的计划。

另外,Microsoft Project 可协同管理多个项目组,将异地的项目成员变成紧密沟通的合作团队,共同设定项目的范围、项目计划、资源分配、进度控制,使项目组成员时刻了解项目进展信息,依据项目或部门管理项目、便捷的项目计划及进度管理,增进项目沟通、可见性和可跟踪性。按照角色进行项目管理,企业中的高层经理可在项目运作过程中掌握项目整体状况,在重要时机中作出正确的决策;项目经理或监理方可督导与负责项目的运作的各个环节,快速产生完整的项目状况报表,规划项目的工期与成本,做可行性分析方案,进行合理的安排和调配,评估和分析项目风险;项目组成员则更关心定期接受和汇报具体工作状况,并把在运作过程中发生的问题在最短时间内告知项目经理。

Microsoft Project 的主要优点是帮助用户编制任务进度计划,管理各种资源(人力、设备等),管理费用,绘制 Gantt 图、各种统计图形,生成图文并茂的报表;缺点是不支持软件项目中的立项与结项、变更管理、需求管理、质量管理、软件配置等重要管理工作,且适用面太广,缺乏针对性。

四、XPlanner

XPlanner 是一个基于 Web 的 XP(极限编程)团队计划和跟踪工具。XP 的开发概念如 Iteration、User Stories 等,XPlanner 都提供了相对应的管理工具。XPlanner支持 XP 开发流程,并利用 XP 思想来解决项目开发所碰到的问题。

XPlanner 的特点包括简单的模型规划,Iteration、User Stories 与工作记录的追踪,未完成 Stories 将自动迭代,工作时间追踪,生成团队效率,个人工时报表实现等。

在 XPlanner 中,用户可以建立许多的用户和项目,人员管理(People)默认包含了 Admin、Developer、View 三个角色。所有参与到项目中的人员都需要添加到人员 People 里边去,每个用户在每个项目中可以有不同的权限。在使用 XPlanner 时,主要包括以下内容:

(1)项目(Project)。一个项目可以视为一套产品的开发过程,也可以对应到与顾客合作进行的软件开发项目中。

(2)迭代(Iteration)。XPlanner 在项目层级下设有迭代,一个项目 Project 包含 1,…,N 个迭代,基本上一个项目应该要有许多 features 或 requirements。透过迭代,用户可以安排要将哪些 features 放在哪个迭代,而将另一些 features 放在另一个迭代。开发时间越早的迭代,应包含项目越核心的功能,或是较为重要的功能。而后面的迭代则放入选择性的功能。

(3)用户故事(User Stories)。迭代层级里面放置用户故事,每个迭代包含 1,…,N 个用户故事。迭代需要计划开始时间(Start Time)和结束时间(End Time),根据开发人员的多少一般在数周的时间内。每个迭代结束后都应该有个发布版本 Release。

用户故事用来代表一个用户可了解的需求,应该是一组独立,且不可分割的功能。用户故事也用来作为工时估算的单位。决定一个迭代里要有哪些用户故事、要把哪个用户故事放在哪个迭代的过程,就是发布计划(Release Planning)。

(4)任务(Task)。如果把用户故事看作是需求,那任务就是完成需求所需进行的工作。程序员选择 Task 进行开发,并且填写开发进度。它同时也可用来较精细地估计工时。

五、VSS

VSS(Microsoft Visual SourceSafe)是微软出品(1992 年收购的一家小公司的产品 SourceSafe)的基于桌面的版本控制系统。作为 Microsoft Visual Studio 的一名成员,它的主要任务就是负责项目文件的管理,几乎可以适用任何软件项目。管理软件开发中各个不同版本的源代码和文档,占用空间小并且方便各个版本代码和文档的获取,对开发小组中对源代码的访问进行有效的协调。

另外,VSS 创建的虚拟文件库可支持 Windows 系统中所有格式的文件,供用户随时读取其中任何文件。在默认的 Check out-Modify-Check in(独占工作模式)下,用户要编辑就必须先 Check Out 该文件获得独占的编辑权限,编辑完后把它 Check In 回去释放权限。VSS 也兼容 Copy-Modify-Merge(并行工作模式)。

VSS 适用于以下场合:团队的规模较小,各个成员之间的地理距离比较近,通常在高度可靠的环境中通过高速、低延迟的局域网(LAN)工作,并且共享的开发资产不大可能超过 4GB。

VSS 的优点在于易用性,与其他微软产品的集成性。对于不注重多版本并行开发支持的中小型开发而言,VSS 是够用的。VSS 界面友好易用,通常与微软公司的 Visual Studio 产品同时发布并且高度集成,并作为 MSDN 订阅的一部分。

VSS 最大的缺点就是安全性问题、目录共享、文件方式存储等。其次,VSS 需要快速大量的信息交换,因此仅适用于快速本地网络,而无法实现基于 Web 的快速操作,尽管一个妥协的办法是可以通过慢速的 VPN 实现。另外,VSS 还只能在 Windows下使用。

六、SVN

SVN(Subversion)是一个开源的版本控制系统,也就是说 Subversion 管理着随时间改变的数据。这些数据放置在一个中央资料档案库(repository)中。这个档案库很像一个普通的文件服务器,不过它会记住每一次文件的变动。这样用户就可以把档案恢复到旧的版本,或是浏览文件的变动历史中。

SVN 提供以下主要功能:

(1)目录版本控制。

(2)真实的版本历史。

(3)自动提交。

(4)纳入版本控管的元数据。

(5)选择不同的网络层。

(6)一致的数据处理方式。

(7)有效的分支与标签。

SVN 的突出特点是采用一种集中式版本管理系统。其存储版本数据有 2 种方式：BDB(一种事务安全型表类型)和 FSFS(一种不需要数据库的存储系统)。因为 BDB 方式在服务器中断时,有可能锁住数据,所以还是 FSFS 方式更安全。集中式代码管理的核心是服务器,所有的版本信息都放在服务器上。所有开发者在开始新一天的工作之前必须从服务器获取代码,然后开发,最后解决冲突,提交。SVN 的优点有:

(1)管理方便,逻辑明确,符合一般人的思维习惯。

(2)易于管理,集中式服务器更能保证安全性。

(3)代码一致性非常高。

(4)适合开发人数不多的项目。

SVN 的缺点有:

(1)服务器压力太大,数据库容量暴增。

(2)如果不能连接到服务器上,基本上不可以工作,就不能提交、还原、对比,等等。

七、IBM Rational RequisitePro

IBM Rational RequisitePro 是一个需求和用例管理工具,适用于那些希望在部署方案之前改善项目目标交流、增强协作开发、降低项目风险以及提高应用程序质量的项目团队。

IBM Rational RequisitePro 的主要功能有:

(1)需求管理。项目成功与否,需求管理是一个关键环节,对需求沟通和管理得越好,成功完成项目的可能性就越高。

(2)结合数据库的强大功能和 Word 的易用性。IBM Rational RequisitePro 利用了被广泛应用和熟悉的 Microsoft Word 工具来简化需求的获取。虽然文档有助于需求的获取,但它不是对信息进行优先级排序和组织的最佳环境,而这些活动在使用数据库时却可以达到最佳效果。通过链接需求文档和数据库,Rational RequisitePro 将两者的最佳功能结合在一起。

(3)了解变更的影响。变更是不可避免的,但它还是有积极作用的,因为它是对涉众需求的一种响应。如果不能对变更进行有效管理,就会导致项目进程徘徊不前。IBM Rational RequisitePro 有助于用户了解变更所造成的影响,以便更好地对变更进行管理。

(4)跨工具和团队集成需求。利用 IBM Rational RequisitePro 的 Web 界面,即 IBM Rational RequisiteWeb,远程团队成员可以创建、查看并修改需求及需求文档。在 Rational RequisiteWeb 中可以通过追踪矩阵或追踪树来管理需求的追踪性,追踪矩阵或追踪树都是以可视化的方式描述需求间的关系。

IBM Rational RequisitePro 的突出特点有:

(1)采用了与 Microsoft Word 相集成的先进方法,针对需求定义和管理之类的活动提供了一种熟悉的环境。

(2)将功能强大的数据库基础结构与实时的 Word 文档同步功能相结合,方便了需求管理、整合和分析。

(3)支持详细的属性定制和过滤,使每个需求的信息价值最大化。

(4)提供一个全功能的、可伸缩的 Web 界面。

(5)提供详细的可追溯性意见,显示父/子关系,并显示可能受到上游或下游需求变化的影响。

(6)执行项目的版本比较,使用 XML 为基础的项目基线。

(7)多工具集成在 IBM 软件交付平台,以改善交通、通讯和需求追踪。

第三节　软件项目管理工具选择

为了更好地进行软件项目的管理,软件企业或多或少都会使用软件项目管理工具。因为现有的软件项目管理工具很多,有的功能集全,但价格高;有的是开源的,但缺少服务支持。所以企业在选择项目管理工具时,需要根据企业的实际情况而定。一般来讲,需要考虑以下这些因素:

(1)容量。这主要是考虑项目管理工具能否处理企业预计进行的项目数量、预计需要的资源数以及预计同时管理的项目数。

(2)操作简易性。这一点对软件开发人员来讲很重要。主要考虑工具的"观看"和"感觉"效果、菜单结构、可用的快捷键、彩色显示、每次显示的信息数量、数据输入的简易性、数据修改的简易性、报表绘制的简易性、打印输出的质量、屏幕显示的质量、屏幕显示的一致性,以及熟悉工具操作的难易程度。

(3)文件编制和联机帮助功能。各个项目管理软件包的文件编制和联机帮助功能质量各不相同,差别较大。主要考虑用户手册的可读性,用户手册里概念的逻辑表达,手册和联机帮助的详细程度,举例说明的数量、质量,对高级性能的说明水平。

(4)可利用的功能。在选择时一定考虑工具是否具备管理所需要的功能。如通用项目管理工具是否包含工作分解结构以及甘特图和网络图,资源平衡或均衡算法怎么样?工具能否排序和筛选信息、监控预算、生成定制的日程表,并协助进行跟踪和控制?工具能否检查出资源配置不当并有助于解决?

(5)与其他工具或系统的兼容。在当今的数字化社会里,大量的电子系统日趋统一。如果在企业的工作环境里,各种数据储存在各个地方,如数据库、电子数据表里,就要特别注意项目管理工具的兼容统一能力。有些工具只能与少数几种常用的软件系统进行最基本的统一,有些却可以与各类数据库进行高级的综合统一。另外,项目管理工具是否具有通过电子邮箱向文字处理及图形软件包转入信息的能力,也应在考虑范围之内。

(6)安装要求。主要考虑运行项目管理软件对计算机硬件和软件的要求,如存储器、硬盘空间容量、处理速度和能力、图形显示类型、打印设置以及操作系统等。

(7)报表功能。目前各种项目管理工具的主要不同之处是它们提供的报表种类和数量。有些系统仅有基本的计划、进度计划和成本报表,而有些则有广泛的设置,对各个任务、资源、实际成本、工作进程以及其他一些内容提供报表。另外,有些工具更便于定制化。报表功能应给予高度的重视,因为大多数用户非常注重工具这种能生成内容广泛、有说服力的报表功能。

(8)安全性能。有些项目管理工具有相对好的安全性。如果安全问题很重要,那么就要特别注意对项目管理工具、每个项目管理文件及每个文件数据资料的限制访问方式。

第二章　MS Project 的操作使用

第一节　启动 Project Standard

　　启动 Project Standard 版本，基于模板（包含一些初始数据，可作为创建新项目计划的起点）创建文件，查看默认 Project 界面的主要区域。

　　(1)在 Windows 任务栏上，单击"开始"按钮，显示"开始"菜单。

　　(2)在"开始"菜单上，指向"所有程序"，单击"Microsoft Office"，然后单击"Microsoft Office Project 2007"。Project Standard 显示，如图 2-1 所示。

　　①主菜单栏和快捷菜单提供 Project 指令。

　　②工具栏提供对常见任务的快速访问，大多数工具栏按钮对应某一菜单栏命令。弹出的屏幕提示会描述您指向的工具栏按钮。Project 会根据您使用特定工具栏按钮的频率来为您定制工具栏。最常用的按钮会在工具栏上显示，而较少使用的按钮则暂时隐藏。

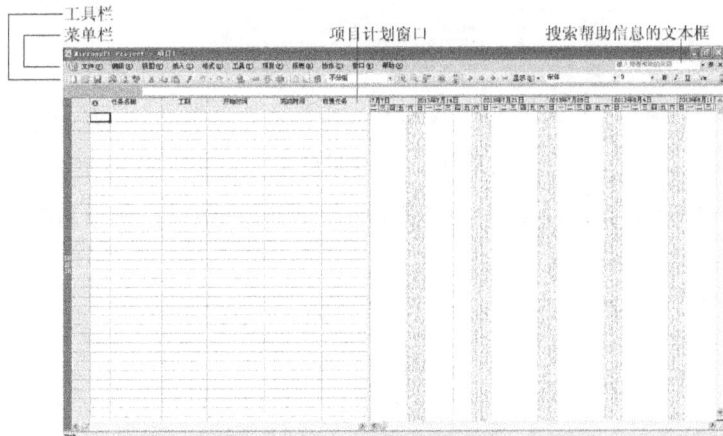

图 2-1　Project Standard 界面

③项目计划窗口包含活动的项目计划(我们将 Project 要处理的文件类型称为项目计划,而不是文件或进度表)的视图,活动视图的名称会显示在视图左边缘上,此例中为"甘特图"视图。

④"键入需要帮助的问题"框用于快速查找在 Project 中执行常见操作的命令。只需输入问题,按"Enter"键即可。本书会给出一些建议性的问题供您在框中输入,以获得某特定特性的详细信息。如果您的计算机连接到因特网,搜索查询会访问 Office Online(微软网站的一部分),显示的结果会反映微软提供的最新内容。如果计算机没有连接到因特网,搜索结果会局限于 Project 的帮助内容。

(3)在"文件"菜单中单击"新建",此时会显示"新建项目"窗格。

(4)在"新建项目"窗格中,在"模板"下单击"计算机上的模板",显示"模板"对话框。

(5)单击"项目模板"标签,屏幕如图 2-2 所示。

(6)单击"开办新业务"(可能需要向下滚动项目模板列表才能看到),然后单击"确定"。

图 2-2 项目模板

Project 根据"开办新业务"模板创建项目计划并关闭"新建项目"窗格。屏幕应与图 2-3 相似。

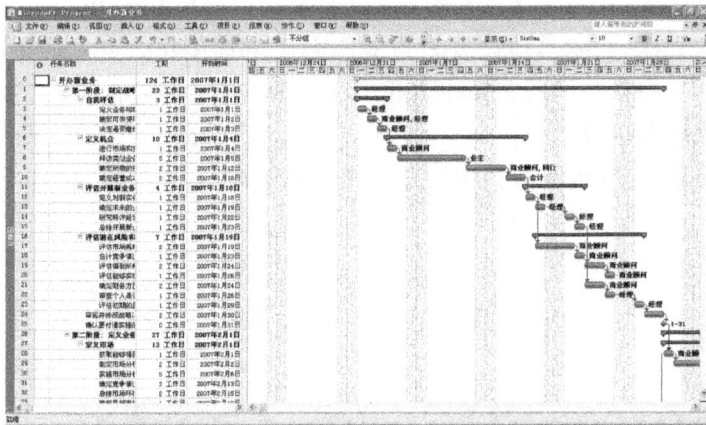

图 2-3 "开办新业务"模板

Project 包含类似向导的界面,可以利用它创建精细的项目计划,此帮助程序称为项目向导。可以使用项目向导执行许多与任务、资源和分配有关的常见操作。

在 Project 2007 中,项目向导默认是关闭的,显示方法有两种:单击"视图"菜单中的"启用项目向导";或者单击"工具"菜单中的"选项",在"界面"选项卡中,勾选"显示项目向导"复选框。照此操作后,"项目向导"会显示在 Project 窗口的左窗格中,如图 2-4 所示。

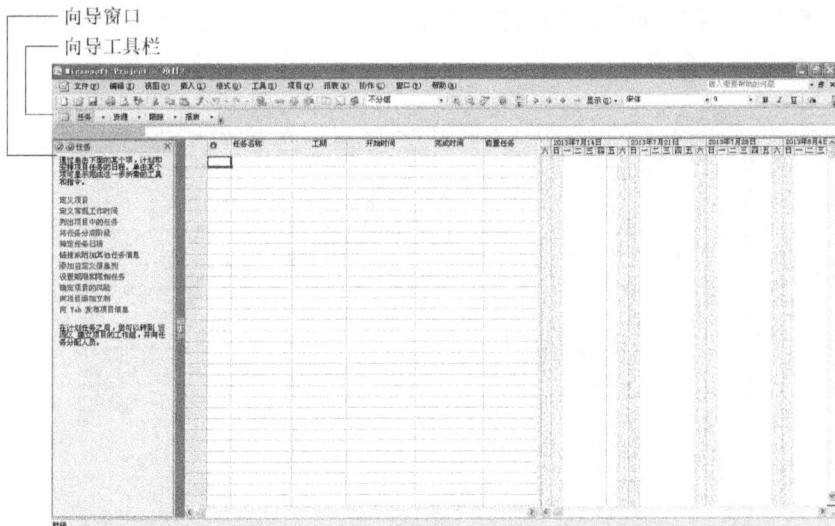

图 2-4 项目向导位于 Project 窗口的左窗格

项目向导包含指令、定义和命令，它们不仅可以使常用操作一目了然，还可以改变视图和 Project 中的其他设置来帮助您完成所选操作。可以通过项目向导工具栏来查看项目向导中的所有操作。此工具栏分为 Project 中最常见的 4 个子区：任务、资源、跟踪和报表。

接下来将介绍 Project 界面中的几个主要视图窗口。

第二节　视　图

Project 中的工作区称为视图。Project 包含若干视图，但通常一次只使用一个（有时是两个）视图。使用视图输入、编辑、分析和显示项目信息。默认视图（Project 启动时所见）是"甘特图"视图，如图 2-5 所示。

通常，视图着重显示任务或资源的详细信息。例如，"甘特图"视图在视图左侧以表格形式列出了任务的详细信息，而在视图右侧将每个任务图形化，以条形表示在图中。"甘特图"视图是显示项目计划的常用方式，特别是要将项目计划呈送他人审阅时，它对于输入和细化任务详细信息及分析项目是有利的。

下面将以"甘特图"视图启动 Project，然后切换到突出项目计划不同部分的其他视图。最后，学习复合视图，以便更容易聚焦于特定的项目详细信息。

（1）单击"视图"菜单中的"资源工作表"。此时，"资源工作表"视图代替"甘特图"视图，如图 2-6 所示。

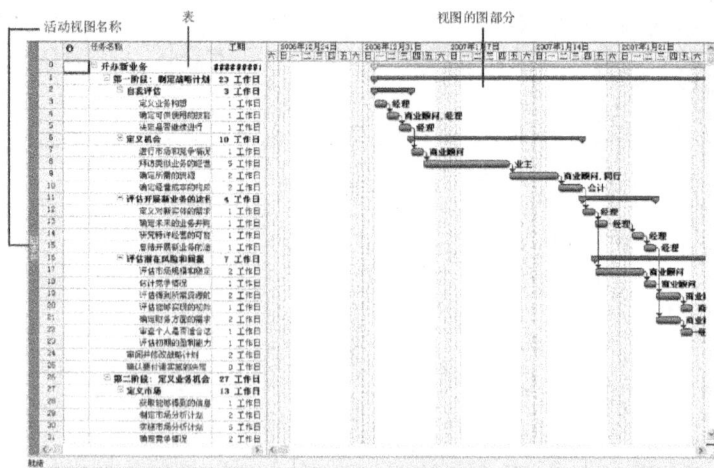

图 2-5　"甘特图"视图

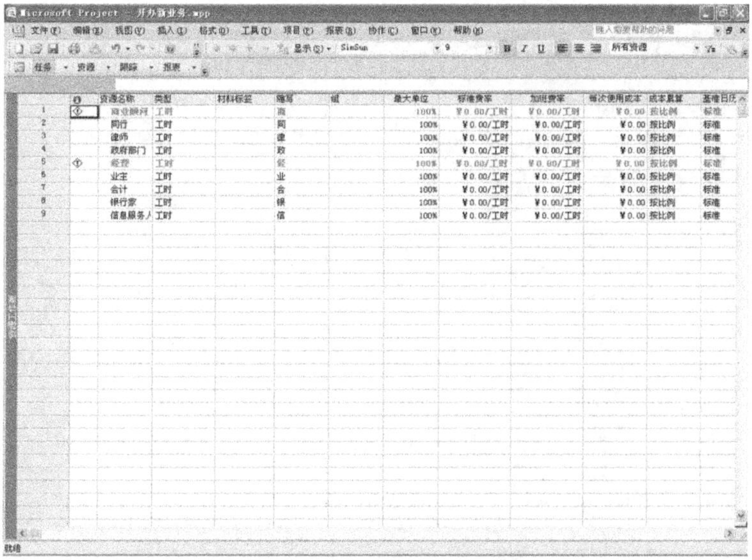

图 2-6 "资源工作表"视图

"资源工作表"视图以行列格式(称为表)显示资源的详细信息,一行显示一个资源。此视图是工作表视图的一种。另一种工作表视图称为任务工作表视图,用于列出任务的详细信息。注意,"资源工作表"视图并没有告诉您资源所分配到的任务的任何信息。如想查看此类信息,需要切换到不同视图。

(2)单击"视图"菜单中的"资源使用状况",此时,"资源使用状况"视图代替"资源工作表"视图。

此使用状况视图将每一个资源所分配到的任务组织在一起。另一种使用状况视图是"任务分配状况"视图,其用途与前一种视图相反,用于显示分配到每一个任务的所有资源。使用状况视图也可以将每一个资源的工时分配以不同时间刻度显示,如每天或每周。

(3)单击"视图"菜单中的"任务分配状况"。此时,"任务分配状况"视图代替"资源使用状况"视图。

(4)在视图左侧的表部分,单击"定义业务构想"(第三个任务的名称)。

(5)在"标准"工具栏上,单击"滚动到任务"按钮。视图的时间刻度一侧可滚动显示每一任务的工时值,如图 2-7 所示。

时间刻度

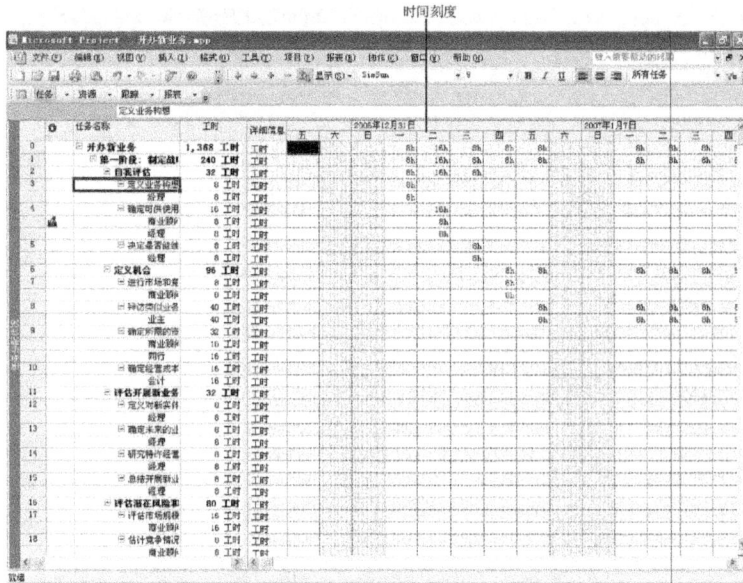

图 2-7　单击"滚动到任务"后的"任务分配状况"视图

使用状况视图是用于查看项目详细信息的相当复杂的方式，下面将切换到更简单的视图。

（6）单击"视图"菜单中的"日历"，显示"日历"视图，如图 2-8 所示。

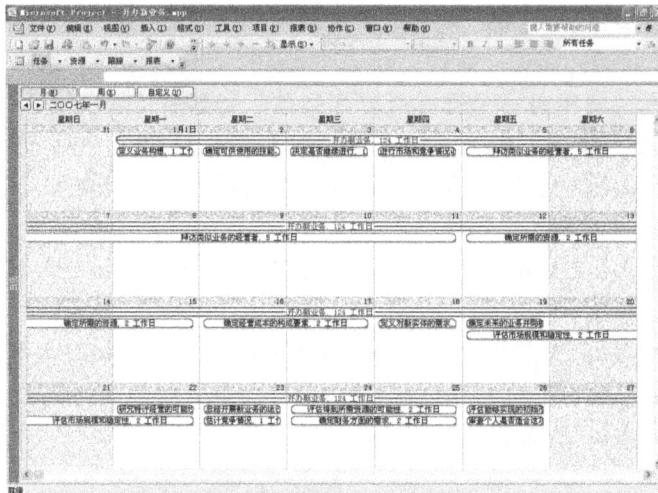

图 2-8　"日历"视图

这种简单的月或周的概略视图没有前一视图中的表结构、时间刻度或图元素。任务条会显示在它们各自被排定的起始日期中,如果任务的工期大于一天,条会延展跨越数日。项目管理中的另一常用视图是网络图。

(7)单击"视图"菜单中的"网络图",显示"网络图"视图,如图 2-9 所示。使用滚动条查看"网络图"视图的不同部分。

此视图重点强调任务关系。"网络图"视图中的每个框或节点显示某个任务的详细信息,框之间的线表示任务间的关系。和"日历"视图一样,"网络图"视图没有表结构,整个视图就是一个图。

在此介绍一下复合视图。复合视图将项目计划窗口拆分为两个窗格,每个窗格包含不同视图。此时的视图是合成视图,因此选择一个视图中的任务或资源会导致另一视图显示所选任务或资源的详细信息。

(8)单击"视图"菜单中的"其他视图",显示"其他视图"对话框。此对话框列出了 Project 中所有预定义的可用视图。

(9)在"视图"框中,单击"任务数据编辑",然后单击"应用",显示"任务数据编辑"视图,如图 2-10 所示。

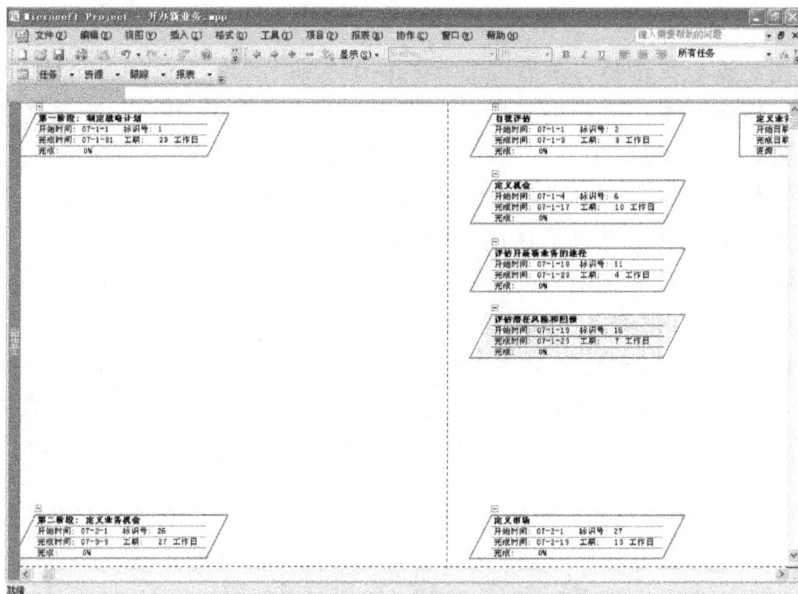

图 2-9 "网络图"视图

拖动分隔条可改变两个窗格的大小
"甘特图"视图在上窗格中

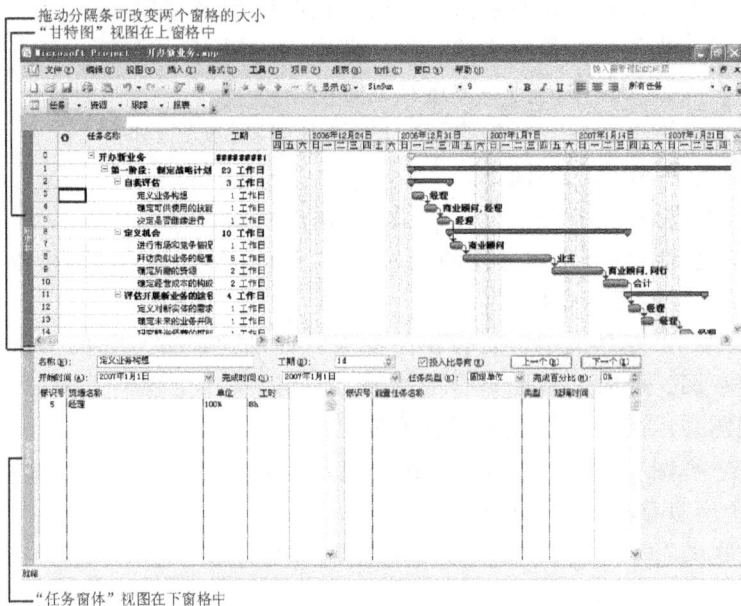

"任务窗体"视图在下窗格中

图 2-10 "任务数据编辑"视图

此视图是预定义的拆分屏幕或复合视图,"甘特图"在上窗格中,"任务窗体"在下窗格中。窗体是本节介绍的最后一个视图元素。窗体用于显示所选任务或资源的详细信息,类似于对话框。可以在窗体中输入、修改或审阅这些详细信息。

(10)如果"甘特图"部分选择的不是任务 3,即"定义业务构想",请单击此任务名称。任务 3 的详细信息显示在视图的"任务窗体"部分中。

(11)在"甘特图"部分中,单击任务 4 的名称,即"确定可供使用的技能、信息和支持"。任务 4 的详细信息显示在任务窗体中。

重要的是要理解,在所有上述视图和 Project 的所有其他视图中,所看到的只是一个项目计划同一详细信息集的不同方面。一个单一的项目计划可能包含许多数据,以至于无法一次显示完全。使用视图可以帮助您只关注特定的详细信息。

第三节 设置非工作日

日历是在 Project 中为每个任务和资源安排工时的主要控制手段。在后文中,会用到其他类型的日历;在本节中,只使用项目日历。

　　项目日历为任务定义常规的工作时间和非工作时间。可将项目日历视为组织的正常工作时间。例如,周一到周五的早上 8 点到下午 5 点,中间有 1 小时的午餐休息时间。您的组织或特定资源在此正常工作时间内可能存在例外日期,如法定假日或带薪假期。在后面的各节中会解决资源休假问题,此处解决项目日历中的法定假日问题。

　　(1)单击"工具"菜单中的"更改工作时间"。显示"更改工作时间"对话框,如图2-11 所示。

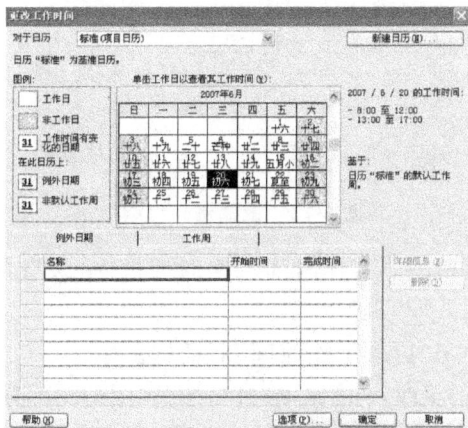

图 2-11　"更改工作时间"对话框

　　(2)在"对于日历"框中,单击下拉箭头。显示的列表包含 Project 中的 3 个基本日历,具体如下所述。

　　①24 小时:没有非工作时间。

　　②夜班:夜晚轮班安排,周一晚到周六晨,时间从晚上 11 点到早上 8 点,中间有1 小时休息时间。

　　③标准:传统的工作日,周一到周五的早上 8 点到下午 5 点,中间有 1 小时午餐休息时间。

　　只能有一个基本日历作为项目日历。对本项目而言,将使用"标准"基本日历,让它保持选中状态。

　　已知道在 1 月 28 日全体职员有个集体活动,在那一天不应该安排工作,因此将那一天记为日历的例外日期。

　　(3)在"例外日期"选项卡中的"名称"域中输入 Staff at morale event,然后单击"开始时间"域。

　　(4)在"开始时间"域中,输入 2008－1－28,然后按"Enter"键。

应该已经在"例外日期"选项卡上部的日历中或在"开始时间"域的下拉日历中选中该日期,如图 2-12 所示。

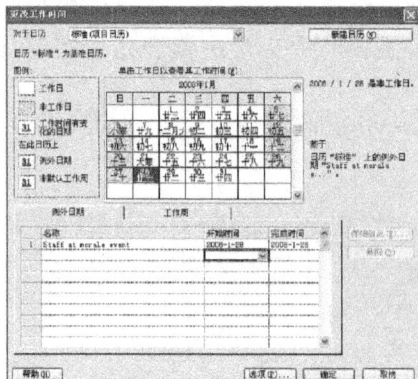

图 2-12　设置例外日期

此日期已被定为项目的非工作时间。在对话框中,该日期有一下划线,并呈深青色,表明是例外日期。

(5)单击"确定",关闭"更改工作时间"对话框。

要验证对项目日历的更改,向右滚动"甘特图"视图的图部分(右侧),直到显示 1 月 27 日。和周末一样,1 月 28 日格式化为灰色,表明是非工作时间,如图 2-13 所示。

1 月 28 日(周一)是非工作日,在甘特图中格式化为灰色(表示周末)

图 2-13　查看项目日历的更改结果

第四节　设置人员资源

Project 使用三种类型的资源:工时、材料和成本。工时资源是执行项目工作的人员和设备。首先着重介绍工时资源,然后在后文介绍材料和成本资源。

所有项目都需要人员资源,而有些项目只需要人员资源。Project 可以在管理工时资源和监控财务成本方面作出更明智的决策。

下面将为几个人员资源设置资源信息。

(1)在"视图"菜单下,单击"资源工作表"。我们将使用"资源工作表"视图来设置项目的初始资源列表。

（2）在"资源工作表"视图中，单击"资源名称"（Resource Name）列标题下的第一个单元格。

（3）输入人员名字，然后按"Enter"键。Project 创建一个新资源，如图 2-14 所示。

（4）在"资源名称"列标题下可输入任意多个人员名字，如图 2-15 所示。

（5）在"资源名称"域中的最后一个资源下，输入"Electrician"，然后按"Tab"键。

（6）在"类型"域中，确保选择的是"工时"，然后按几次"Tab"键，移到 Max. Units（最大单位）域。"最大单位"域表示资源可用于完成任务的最大工作能力。例如指定资源 Jon Ganio 的"最大单位"为 100％，表示 Jon 可将 100％的时间用于执行分配给他的任务。如果给 Jon 分配的任务多于他付出 100％时间所能完成的，Project 会给出警告。

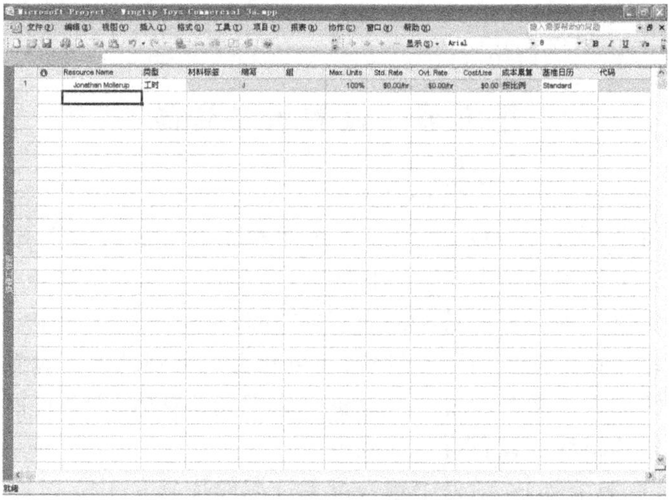

图 2-14　创建新资源

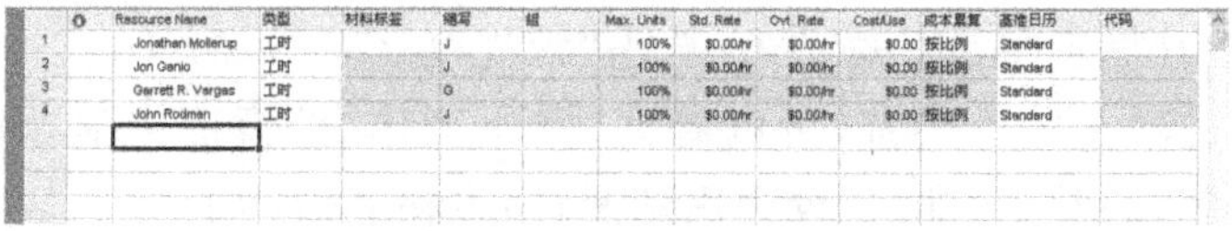

图 2-15　输入几个新名字

（7）在 Electrician 的"最大单位"域中，输入或选择 200％，然后按"Enter"键。
名为 Electrician 的资源不是代表单个人员，而是表示一类称为电工的人。因为资源 Electrician 的"最大单位"设为 200％，所以每天可以安排两个电工全职工作。在计划阶段，不知道这些电工究竟是谁并没有关系，可以继续进行一些总体规划。

(8)单击 Jon Ganio 的"最大单位"域，输入或选择"50％"，然后按"Enter"键。结果如图 2-16 所示。这时更新了 Jon Ganio 的"最大单位"域，以表示他只工作一半时间。

在新建工时资源时，Project 为它默认分配 100％最大单位

	❶	Resource Name	类型	材料标签	缩写	组	Max. Units	Std. Rate	Ovt. Rate	Cost/Use	成本累算	基准日历	代码
1		Jonathan Mollerup	工时		J		100%	$0.00/hr	$0.00/hr	$0.00	按比例	Standard	
2		Jon Ganio	工时		J		50%	$0.00/hr	$0.00/hr	$0.00	按比例	Standard	
3		Garrett R. Vargas	工时		G		100%	$0.00/hr	$0.00/hr	$0.00	按比例	Standard	
4		John Rodman	工时		J		100%	$0.00/hr	$0.00/hr	$0.00	按比例	Standard	
5		Electrician	工时		E		200%	$0.00/hr	$0.00/hr	$0.00	按比例	Standard	

图 2-16　更改 Jon Ganio 的"最大单位"域

第五节　设置设备资源

在 Project 中，设置人员和设备资源的方式是完全相同的，因为人员和设备都是工时资源。但是，必须注意在如何安排这两种工时资源时的重要区别。大多数人员资源的一个工作日不会长于 12 小时，但设备资源却可以连续工作。而且，人员资源在他们所执行的任务中是灵活应变的，而设备资源则更固定一些。

不需要跟踪项目中使用的所有设备，但可能会在下列情况下设置设备资源：

①多个小组或人员同时需要一件设备完成不同任务时，设备可能被超量预订。

②需要计划和跟踪与设备有关的成本时。

下面将在"资源信息"对话框中输入设备资源的信息。

(1)在"资源工作表"视图中，单击"资源名称"列中的下一个空单元格。

(2)在"标准"工具栏上，单击"资源信息"按钮，出现"资源信息"对话框。

(3)如果没有显示"常规"选项卡，单击"常规"标签。

在"常规"选项卡的上半部，可以看到"资源工作表"视图中显示的域。Project 中信息类型很多，通常工作时至少会用到两种：表格和对话框。

(4)"资源名称"域中，输入设备资源名称，例如 DB Server（数据库服务器）、Mini-DV Camcorder（数字摄录机）。

(5)在"类型"域中，单击"工时"。结果如图 2-17 所示。

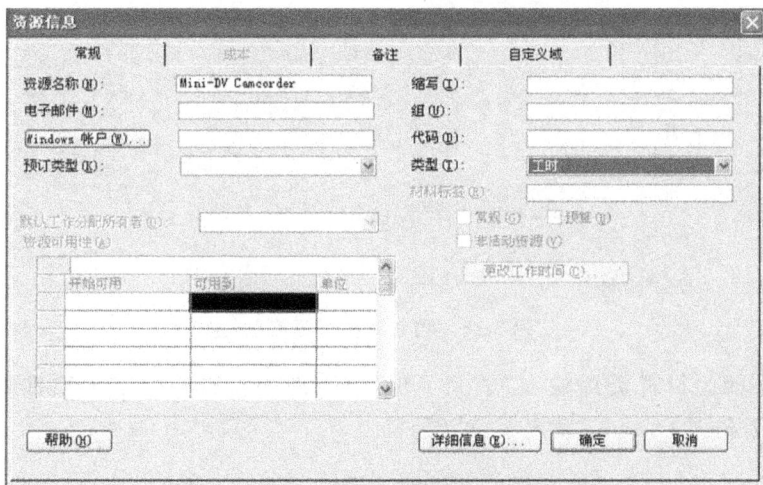

图 2-17 利用"资源信息"对话框增加资源

（6）单击"确定"，关闭"资源信息"对话框，返回"资源工作表"视图。此资源的"最大单位"域值为 100%，接下来将修改此百分率。

（7）在 Mini-DV Camcorder 的"最大单位"域中，输入"300%"，或单击箭头直到显示"300%"，然后按"Enter"键。

第六节　设置材料资源

材料资源是消耗性的，随着项目的进行会耗尽。对于软件项目而言，墨盒、打印纸是较常见的材料资源。在 Project 中使用材料资源主要是为了跟踪消耗率和相关的成本。尽管 Project 不是用于跟踪库存的完善系统，但它有助于更好地掌握材料资源的消耗速度。

下面将输入一个材料资源的信息。

（1）在"资源工作表"中，单击"资源名称"列中的下一个空单元格。

（2）输入某种材料名，然后按"Tab"键。

（3）在"类型"域中，单击下箭头，选择"材料"，然后按"Tab"键。

（4）在"材料标签"域中，输入材料的备注信息（可以不输），然后按"Enter"键。结果如图 2-18 所示。

此"材料标签"域只用于材料资源

图 2-18　输入材料资源信息

注意不能为材料资源输入"最大单位"值。因为材料资源是消耗性的,不是工作的人或设备,所以不用"最大单位"值。

第七节　设置成本资源

在 Project 中使用的第三种也是最后一种类型的资源是成本资源。可以使用成本资源表示与项目中任务有关的财务成本。工时资源(如人员和设备)可以有相关的成本(每个工作分配的小时费率和固定成本)。成本资源的主要作用就是将特定类型的成本与一个或多个任务关联。成本资源的常见类型包括为了核算而要跟踪的项目支出的类别,如旅行、娱乐或培训。和材料资源一样,成本资源不工作,对任务的日程安排也没有影响。但是,在将成本资源分配给任务并指定每个任务的成本数额时,可以看到该类型成本资源的累计成本,例如项目中总的旅行成本。

(1)在"资源工作表"中,单击"资源名称"列中的下一个空单元格。

(2)输入"Travel",然后按"Tab"键。

(3)在"类型"域中,单击下箭头,选择"成本",然后按"Enter"键。结果如图 2-19所示。

图 2-19　输入成本资源

第八节　输入资源费率

下面将输入每个工时资源的成本信息。

(1)在"资源工作表"中,单击某人员的 Std. Rate(标准费率)域。

(2)输入"10",然后按"Enter"键。"标准费率"列中出现人员的标准小时费率。注意默认的标准费率是以小时计的,所以不需要特别指明每小时的成本。如图 2-20 所示。

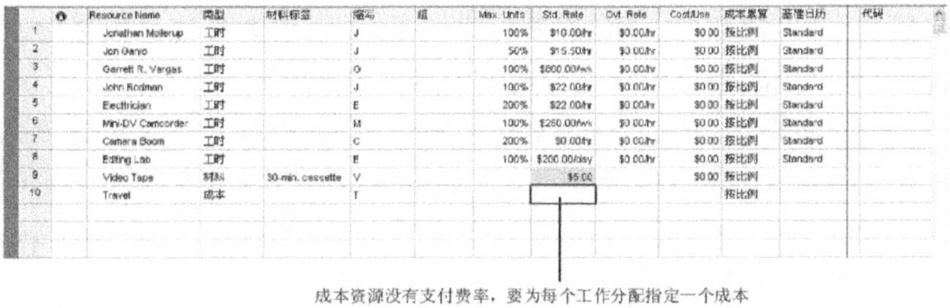

	Resource Name	类型	材料标签	缩写	组	Max. Units	Std. Rate	Ovt. Rate	CostUse	成本累算	基准日历	代码
1	Jonathan Mollerup	工时		J		100%	$10.00/hr	$0.00/hr	$0.00	按比例	Standard	
2	Jon Ganio	工时		J		50%	$15.50/hr	$0.00/hr	$0.00	按比例	Standard	
3	Garrett R. Vargas	工时		G		100%	$800.00/wk	$0.00/hr	$0.00	按比例	Standard	
4	John Rodman	工时		J		100%	$22.00/hr	$0.00/hr	$0.00	按比例	Standard	
5	Electrician	工时		E		200%	$22/hr	$0.00/hr	$0.00	按比例	Standard	
6	Mini-DV Camcorder	工时		M		100%	$250.00/wk	$0.00/hr	$0.00	按比例	Standard	
7	Camera Boom	工时		C		200%	$0.00/hr	$0.00/hr	$0.00	按比例	Standard	
8	Editing Lab	工时		E		100%	$200.00/day	$0.00/hr	$0.00	按比例	Standard	
9	Video Tape	材料	30-min. cassette	V			$5.00		$0.00	按比例		
10	Travel	成本		T						按比例		

成本资源没有支付费率,要为每个工作分配指定一个成本

图 2-20　在"标准费率"域中输入值

注意:材料资源的成本是一个固定的量而不是以每小时、每天或每周计的费率。对于材料资源,标准费率值是每单位的(此例中是时长 30 分钟的盒带)消耗。还要注意,不能为成本资源(例如旅游 Travel)输入标准费率值。在将此成本资源分配到任务时才指定该成本。

第九节　为单个资源调整工作时间

Project 针对不同用途使用不同类型的日历。下面将着重介绍资源日历。资源日历控制资源的工作时间和非工作时间。Project 使用资源日历决定何时安排特定资源的工作。资源日历只用于工时资源(人员和资源),不用于材料或成本资源。

最初创建项目计划中的资源时,Project 为每个工时资源创建资源日历。资源日历的初始的工时设置与标准基准日历(Project 中内置的日历,提供的默认工作日程安排为周一到周五,早上 8 点到下午 5 点)的设置完全吻合。如果资源的所有工作时间都与标准基准日历的工作时间吻合,则不需要编辑任何资源日历。但是,很有可能某些资源的工作时间与标准基准日历不完全吻合,例如:

①工作时间机动。

②假期。

③资源在项目中不可用的其他时间,例如培训时间或出席会议的时间。

对标准基准日历所做的任何修改会自动反映到基于标准基准日历的所有资源日历中。但是对资源工作时间所做的特定修改不会受影响。

如果资源只能兼职为项目工作,可能希望项目中资源的工作时间设置能反映出兼职的日程安排,如每天早上8点到中午12点。但是,更好的方法是调整资源的可用性,将其"最大单位"域设为50%。修改资源的整体可用性可使我们只关注为项目工作的资源的生产能力而不是工作进行的特定时间。在"资源工作表"视图(在"视图"菜单中单击"资源工作表"显示此视图)中为资源设置最大单位。

下面将为单个工时资源指定工作时间和非工作时间。

(1)在"工具"菜单中,单击"更改工作时间",出现"更改工作时间"对话框。

(2)在"对于日历"框中,选择人员,例如 Garrett R. Vargas。Garrett R. Vargas 的资源日历出现在"更改工作时间"对话框中。Garrett 1月10日到11日,即周四到周五他不能工作,因为他计划出席一个技术研讨会。

(3)在"更改工作时间"对话框的"例外日期"选项卡中,单击"名称"列下的第一行,输入 Garrett attending a meeting。对日历例外日期的描述是为了方便提示例外的原因。

(4)单击"开始时间"域,输入或选择"xxxx－1－10"。

(5)单击"完成时间"域,输入或选择"xxxx－1－11",然后按 Enter 键。结果如图 2-21 所示。

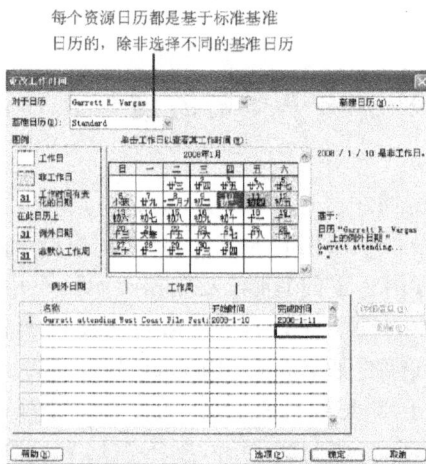

图 2-21　修改 Garrett R. Vargas 的资源日历

Project 不会在上述日期为 Garrett 安排工作。要为资源设置部分工作时间的例外(如一天中资源不能工作的某时段),单击"详细信息"按钮。在"详细信息"对话框中,可以对资源可用性创建重复的例外日期。下面将为资源设置一个"4×10"的工作日程(即每周 4 天,每天 10 小时)。

(6)在"对于日历"框中,选择 John Rodman。

(7)当提示是否保存对 Garrett 的日历所做的修改时,单击"是"。

(8)在"更改工作时间"对话框中单击"工作周"标签。

(9)单击"默认",然后单击"详细信息"。

(10)在"选择日期"中,选择星期一到星期四。

(11)单击"对所列日期设置以下特定工作时间"。

(12)在下面的"结束时间"框中,单击 17:00,然后替换为 19:00,然后按"Enter"键。

(13)单击"星期五"。

(14)单击"将所列日期设置为非工作时间",如图 2-22 所示。

(15)单击"确定",关闭"详细信息"对话框。现在可以看到将 John Rodman 的资源日历中的星期五标记为非工作日,如图 2-23 所示。

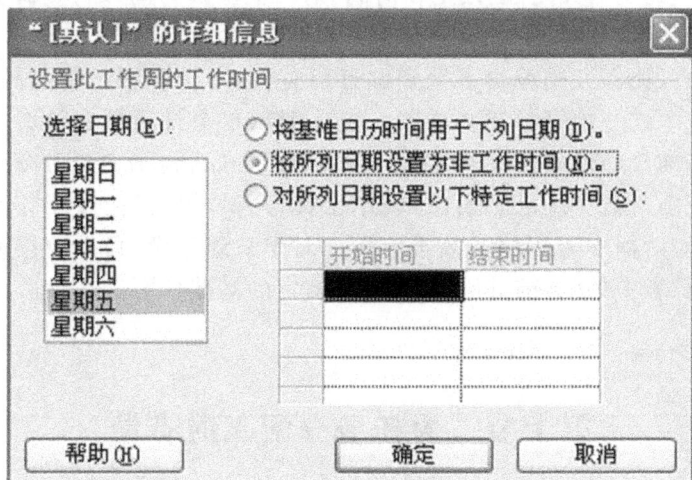

图 2-22　将星期五设为非工作时间

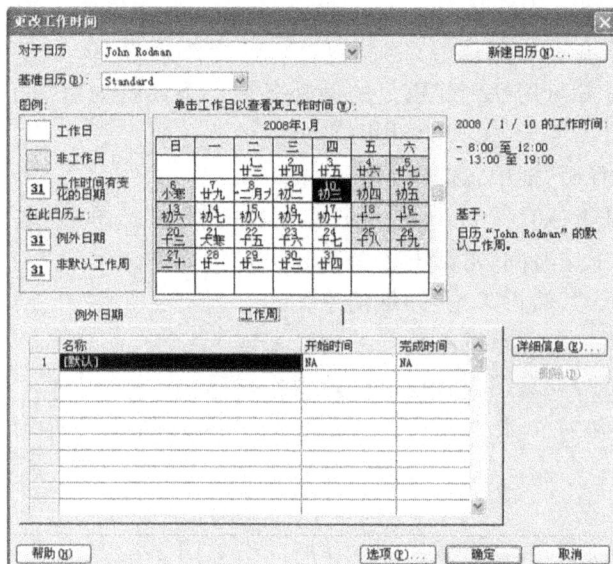

图 2-23 设置 John Rodman 的资源日历

(16)单击"确定",关闭"更改工作时间"对话框。因为尚未将资源分配给任务,所以看不到非工作时间设置在日程安排上的影响。

如果必须以类似方式编辑多个资源日历时(如安排夜班),将不同的基准日历分配给一个资源或一组资源更为方便。这比编辑单个日历更有效率,并且必要时还可对某个基准日历做项目级的调整。例如,如果项目包括白班和夜班,可以对上夜班的资源使用"夜班"基准日历。单击"工具"菜单,单击"更改工作时间",在"更改工作时间"对话框中可以修改基准日历。对于一组资源,可以直接在"资源工作表"视图的"项"表中的"基准日历"列中选择特定的基准日历。

第十节 为任务分配工时资源

分配工时资源给任务可使您跟踪资源工作的进度。如果输入资源费率,Project 将计算资源和任务成本。

资源的工作能力用"单位"(用于度量人工量)度量,并记录在"最大单位"域中。除非另外指定,Project 会将资源的 100% 的单位分配给任务,即 Project 假设资源的所有工作时间都可分配给任务。如果资源单位少于 100%,Project 会分配该资源的最大单位。

下面将为项目计划中的任务做初始资源分配。

(1)在"工具"菜单中,单击"分配资源",出现"分配资源"对话框,在其中可以看到已输入的资源名称。除了已分配的资源通常显示在列表顶部外,"分配资源"对话框中的资源都是按字母顺序排列的,如图 2-24 所示。

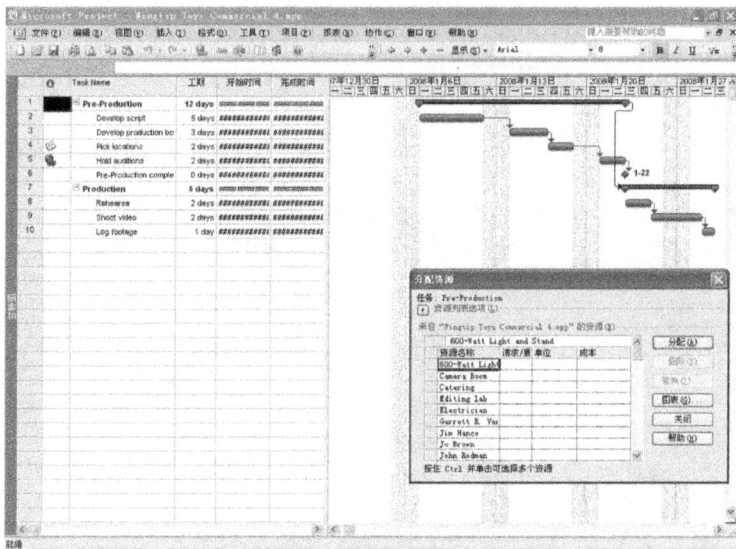

图 2-24 "分配资源"对话框

(2)在"任务名称"列中,单击"任务 2 Develop script"。

(3)在"分配资源"对话框的"资源名称"列中,单击"Scott Cooper",然后单击"分配"按钮。成本值和勾选标记会出现在 Scott 名字的旁边,表明您已将他分配给编写 script 的任务。因为 Scott 的成本标准费率记录在案,所以 Project 会计算分配的成本(Scott 的标准费率乘以他被安排的工作量),在"分配资源"对话框的"成本"域中显示 $ 775.00。接下来更仔细地查看影响任务 2 的设定值,并使用一种名为"任务窗体"的更方便的视图。

(4)在"窗口"菜单中,单击"拆分",结果如图 2-25 所示。

在"分配资源"对话框中,分配到所选
任务的资源名称旁边有一个勾选标记

甘特条形图的旁边显示所分配的资源的名称

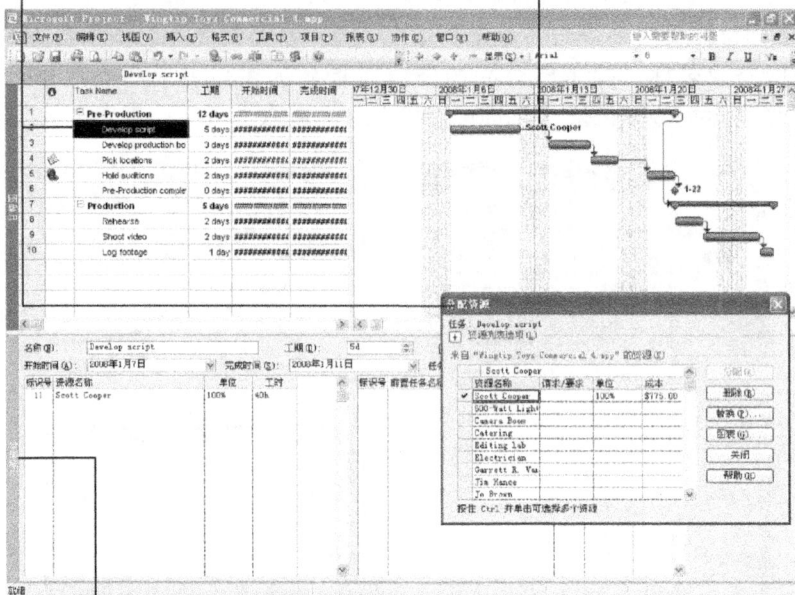

在"任务窗体"中可以看到所选任务的
工期、工作分配单位和工时的详细信息

图 2-25　拆分窗体

Project 将窗口分为两个窗格。上窗格是"甘特图"视图,下面是"任务窗体"视图。在任务窗体中可以看到此任务基本的日程安排值:工期为 5 天,工时为 40 小时,分配单位为 100%。因为任务窗体方便查看任务工期、单位和工时值,所以此时让它继续显示。接下来,将同时分配两个资源给任务。

(5)在"任务名称"列中,单击某任务,例如任务 3。

(6)在"分配资源"对话框中,单击某人员,例如 Garrett R. Vargas,按住"Ctrl"键做非连续的选择,单击另一人员,例如 Patti Mintz,然后单击"分配"。Garrett 和 Patti 的名字旁边会显示勾选标记和计算出的分配成本,表明您已将他们两位分配给任务 3。可以在任务窗体中看到最后的分配信息(每个资源的单位和工时)和任务的工期,如图 2-26 所示。

所选任务的名称也在此显示

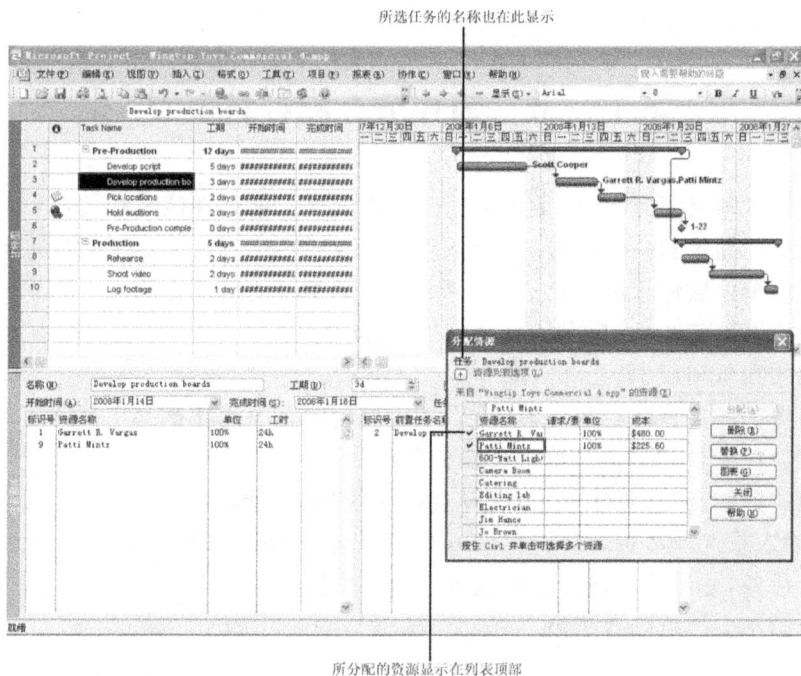

所分配的资源显示在列表顶部

图 2-26　分配两个资源给任务 3

在创建任务后、为任务分配资源前,任务有工期,但没有关联的工时。为什么没有工时? 工时表示为完成任务资源所要花费的工作量。例如,如果一个人是全职工作,那么工时的测量值和工期的测量值是相同的。通常,除非分配一个以上的资源给任务或分配的资源是兼职工作的,否则,工时值与工期值是吻合的。

Project 使用日程安排公式计算工时:

工期×单位＝工时

下面看一个特例。假如,任务 2 的工期是 5 天,5 天等于 40 小时。当将 Scott Cooper 分配给任务 2 时,Project 将 Scott 的 100％工作时间都用于任务。任务 2 的日程安排公式如下:

40 小时任务工期×100％分配单位＝40 小时工时

换言之,当将 Scott 以 100％的单位分配给任务 2 时,任务需要的工时为 40 小时。

下面是另一个例子。假如,将两个资源(Peter 和 Scott)分配给任务 5,每一个的分配单位都是 100％。任务 5 的日程安排公式如下:

16 小时工期×200％分配单位＝32 小时工时

32 小时工时是 Peter 的 16 小时工时加上 Scott 的 16 小时工时得出的。换言之,两个资源会并行为任务工作。

35

第十一节　为任务分配材料资源

在分配材料资源时,可以采用下列两种方式之一来处理消耗和成本:

①将单位固定的一定数量的材料资源分配给任务。Project 将资源的单位成本乘以分配的单位数量来决定总成本(下面的例子中将使用此方法)。

②将价格可变的一定数量的材料资源分配给任务。Project 会随着工期的改变调整资源的数量和成本。

下面将为任务分配材料资源,然后输入单位固定的消耗量。

(1)在"任务名称"列中,单击某任务名称。

(2)在"分配资源"对话框中,选择某资源的"单位"域。

(3)输入或选择数量,然后按"Enter"键。结果如图 2-27 所示。Project 将录像带分配给任务,并计算出该分配的成本(单价×数量)。材料资源不能工作,因此分配材料资源不会影响任务工期。

在所分配到的任务的甘特条形图旁边也会显示材料资源标签值

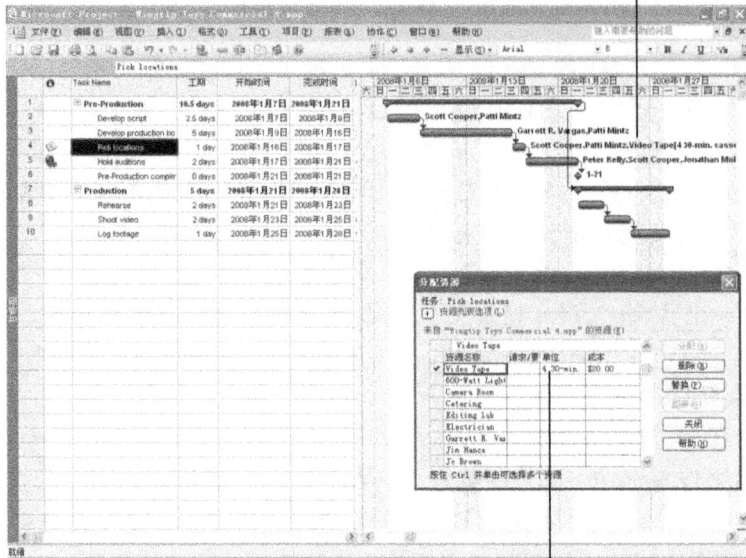

为任务分配材料资源时,在"单位"列中会显示材料资源的标签值

图 2-27　分配材料资源

第十二节　为任务分配成本资源

和材料资源一样,成本资源也不工作,不会影响任务的日程安排。成本资源可能包括要进行预算和财务监管的费用支出的类型,这些支出类型和工时或材料资源的成本是分开的。一般来说,任务可以发生的成本包括以下几种:

①工时资源成本,如人员的标准支付费率乘以他们执行任务所花的工时。

②材料资源消耗成本,等于材料资源每单位的成本乘以完成任务所消耗的单位量。

③成本资源成本,它是分配成本资源给任务时输入的固定金额。尽管可以在任意时间编辑该金额,但此金额不受任务工期或日程安排任何改变的影响。

可能希望为特定任务输入计划的差旅和餐饮成本。因为项目的工作还未开始,此时这些成本只代表预算或计划成本(实际上,应该将目前 Project 在日程安排中计算的所有成本都视为计划成本,例如包括为任务分配工时资源产生的成本)。稍后可以输入实际成本,以与预算比较。

(1)在"任务名称"列中单击某任务名称。

(2)在"分配资源"对话框中,选择某成本资源的"成本"域。

(3)输入数量,如 500,然后按 Enter 键。Project 将该成本资源分配给任务。可以在"分配资源"对话框中看到分配给任务的所有资源及其成本,如图 2-28 所示。

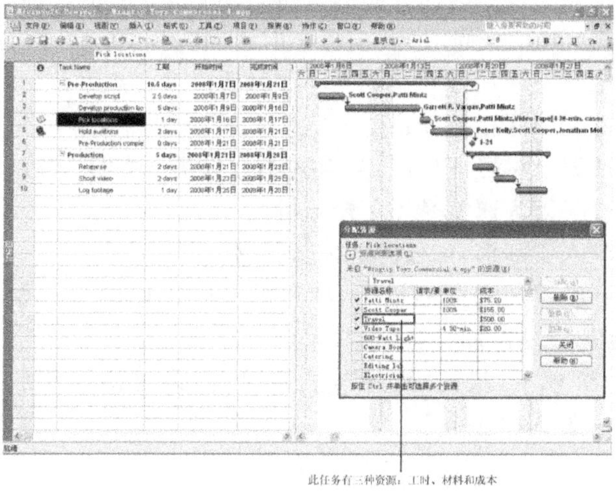

此任务有三种资源:工时、材料和成本

图 2-28　为任务 4 分配成本资源 Travel

第十三节　保存项目的基准

制订项目计划之后,项目经理最重要的活动之一就是记录实际值以及评估项目的执行情况。要正确判断项目的执行情况,需要对比原始计划。原始计划称为基准计划或基准。基准是项目计划中重要值的集合,如计划的开始时间、完成时间,任务、资源和分配的成本。保存基准时,Project 会对当前值进行"快照",并保存在计划中以备将来对比之用。

基准中保存的特定值包括任务、资源和分配域,还有按时间分段(timephased)域,如表 2-1 所示。

表 2-1　基准域

任务域	资源域	分配域
开始时间	工时和分段工时	开始时间
完成时间	成本和分段成本	完成时间
工期		工时和分段工时
工时和分段工时		成本和分段成本
成本和分段成本		

按时间分段域显示按照时间分布的任务、资源和分配值。例如,跟踪一个计划工时为 5 天的任务,可以每周、每天或每小时进行,并可查看每时间增量的特定基准工时值。

应该在以下情况中保存基准:

①制订出的计划已尽可能地周详(但并不意味着开始工作后,不能向项目中添加任务、资源或分配,因为通常是不可避免的);

②还未开始输入实际值,如任务的完成比例。

在项目计划已经过周密的制订后,项目的实际工作即将开始。下面将保存项目的基准,然后会查看基准的任务值。

(1)在"工具"菜单下,指向"跟踪",然后单击"设置比较基准"。"设置比较基准"对话框出现,如图 2-29 所示。

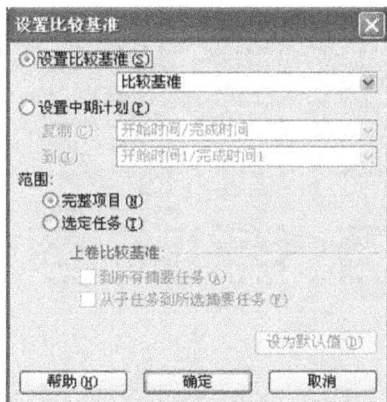

图 2-29 "设置比较基准"对话框

使用对话框的默认设置来设置整个项目的比较基准。

（2）单击"确定"。Project 保存比较基准，此时"甘特图"视图中没有任何迹象表明已修改了某些内容。但接下来的操作会看到保存比较基准引起的某些改变。

注意：可以在单一计划中设置 11 个基准（第 1 个称为比较基准，其余的依次命名为比较基准 1，比较基准 2，……，比较基准 10）。对于规划阶段比较长的项目而言，保存多个基准是非常有用的，因为在规划阶段中需要对比不同的基准值集。例如，在计划的细节改变时，您会希望每月保存和对比基准计划。要清除以前设置的基准，单击"工具"/"跟踪"/"清除比较基准"。

（3）在"视图"菜单下，单击"其他视图"。"其他视图"对话框出现。

（4）在"视图"框中，单击"任务工作表"，然后单击"应用"按钮。因为"任务工作表"视图不包括甘特图，因此可用空间更大，可以看到表中更多的域。现在切换到"任务工作表"视图的"差异"表。"差异"表是包括比较基准值的几个预定义表之一。

（5）在"视图"菜单中，指向"表：项"，然后单击"差异"。"差异"表出现。此表包括两类开始时间和完成时间，即日程排定的和比较基准给出的，两者并肩排列（如图 2-30 所示），以便于比较。

因为还未发生实际的工作，而且也未修改排定的工作，所以开始时间值与比较基准开始时间值是相同的，完成时间亦然。在实际工作被记录之后或稍后调整了计划，日程排定的开始时间和完成时间可能不同于比较基准的值，到时会在"……时间差"列中看到两者的差值。

图 2-30 "差异"表

第十四节　根据日程跟踪项目

跟踪进度的最简单方法就是报告实际工作正准确地按计划进行。如果有一个为期 5 个月的项目已经进行了 1 个月，这个月中所有任务的开始和结束都按日程安排进行，那么就可以快速将这些记录在"更新项目"对话框中。

假设项目从保存基准起已过一些时日。工作已经开始，而且到目前为止情况良好。下面将记录项目的实际值，将工时更新为一具体日期。

（1）在"视图"菜单中，单击"甘特图"。"甘特图"视图出现。

（2）在"工具"菜单中，指向"跟踪"，然后单击"更新项目"。"更新项目"对话框出现。

（3）确保"将任务更新为在此日期完成"选项为选中状态。在邻近的日期框中，输入或选择日期，如图 2-31 所示。

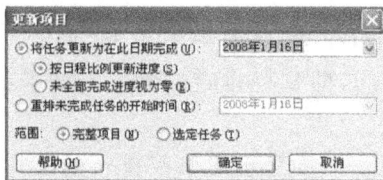

图 2-31 "更新项目"对话框

（4）单击"确定"。Project 记录在步骤（3）中录入的日期之前开始的任务的完成百分率。然后会在甘特条形图中绘制这些任务的进度条以显示进度，如图 2-32 所示。

已完成的任务的"标记"列中会显示勾选标记　　　　　　　　进度条表明任务已完成的部分

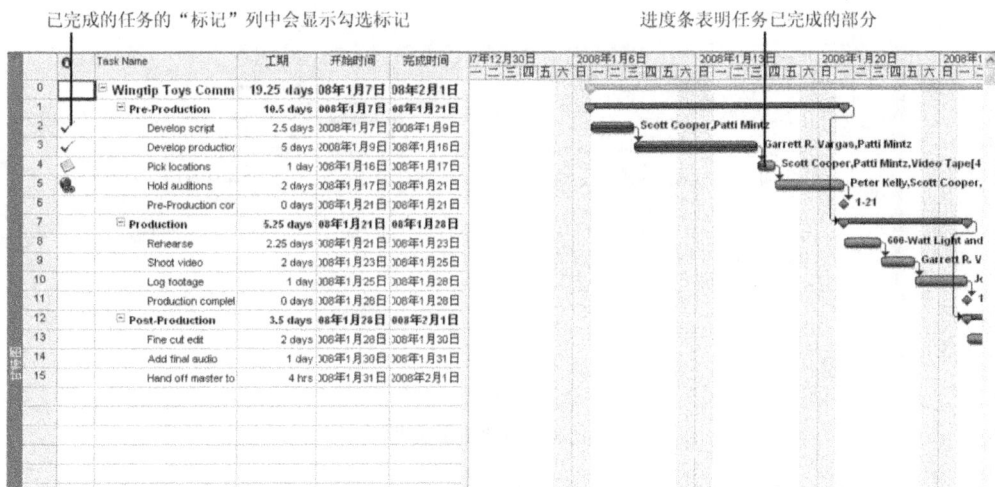

图 2-32　在甘特条形图中显示进度

在"甘特图"视图中,进度条显示每个任务的完成比例。因为任务 2 和任务 3 已经完成,所以这两个任务的"标记"列中出现对钩,而且相应的甘特条形图中的进度条是满格的。

第十五节　输入任务完成比例

在开始某一任务的工作之后,可用百分比快速记录工作进度。在输入非 0 值的完成百分比后,Project 会改变任务的实际开始日期以匹配计划的开始日期。然后 Project 会根据输入的百分比计算实际工期、剩余工期、实际成本和其他值。例如,如果指定一个为期 4 天的任务已完成 50％,则 Project 计算出任务实际工期已有两天,剩余工期还有两天。

下面是输入完成比例的方法:

①使用"跟踪"工具栏(在"视图"菜单中,指向"工具栏",然后单击"跟踪")。此工具栏包含快速记录任务完成比例(0,25,50,75 或 100％)的按钮。

②在"更新任务"对话框(在"工具"菜单中,指向"跟踪",然后单击"更新任务")中输入任意百分比。

(1)在"视图"菜单中,指向"工具栏",然后单击"跟踪"。"跟踪"工具栏出现,如图 2-33 所示。

已完成的任务的"标记"列中会显示勾选标记　　　　　　　　进度条表明任务已完成的部分

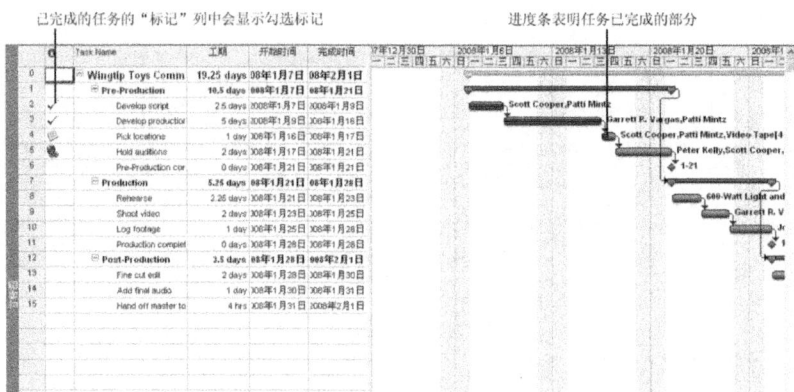

图 2-33　"跟踪"工具栏

（2）单击某任务的名称，例如任务 4 的名称。

（3）在"跟踪"工具栏上，单击"100％完成"按钮。Project 按照日程安排记录任务的实际工时，并在甘特条形图将进度条延伸到满格。接下来将更仔细地查看任务的甘特条形图，并为一个不同的任务输入完成百分比。

（4）单击任务 5 的名称。

（5）在"跟踪"工具栏上，单击"50％完成"按钮。Project 按照日程安排记录任务的实际工时，并在甘特条形图中绘制了一定长度的进度条。注意，尽管任务 5 的 50％的工作都已完成，进度条却并未占据甘特条的一半。这是因为 Project 以工作时间衡量工期，但甘特条的长度却包括非工作时间，如周末。

（6）在"甘特图"视图右边的图部分，将鼠标指针悬停在任务 5 的甘特条形图中的进度条上。当鼠标指针变成一个百分符号加上一个右箭头时，Progress 屏幕提示出现，如图 2-34 所示。

根据指向的条形图或符号的类型的不同本例中为进度条)，会弹出相应的显示该项信息的屏幕提示　　　指向进度条时，鼠标指针变为百分号和箭头

图 2-34　Progress 屏幕提示

Progress 屏幕提示显示了任务的完成百分比和其他跟踪值。

到目前为止,已经记录了日程中已开始的和已结束的实际工时。这些对某些任务可能是准确的,不过,通常需要记录那些实际工期长于或短于计划工期,或者开始时间早于或晚于计划时间的任务的实际值。

第十六节　输入任务的实际值

保持日程最新的更为细化的方法是记录项目中每个任务的实际发生情况。可以记录每个任务的实际开始日期、完成日期、工时和工期值。输入这些值后,Project 会更新日程,并计算任务的完成比例。Project 使用下列规则:

①输入任务的实际开始日期时,Project 移动计划的开始日期,使其与实际开始日期吻合。

②输入任务的实际完成日期时,Project 移动计划的完成日期,使其与实际完成日期吻合,并将任务设置为 100％完成。

③输入任务的实际工时值时,Project 重新计算任务剩余的工时值(如果有)。

④输入任务的实际工期时,如果它少于计划的工期,Project 会从计划的工期中减去实际工期来确定剩余工期。

⑤输入任务的实际工期时,如果它等于计划的工期,Project 将任务设置为 100％完成。

⑥输入任务的实际工期时,如果它多于计划的工期,Project 会调整计划的工期,使其与实际工期吻合,并将任务设置为 100％完成。

假设已过了几天,项目的工作已开始进行。下面将记录某些任务的实际工时值及另一些任务的开始日期和工期。

(1)选中某任务的名称,例如任务 5 的名称。

(2)在"视图"菜单中,指向"表:项",然后单击"工时"。"工时"表出现,如图 2-35所示。此表包括计划工时列(列标题为"工时")和实际工时列(列标题为"实际")。在更新任务时将涉及这两列的值。

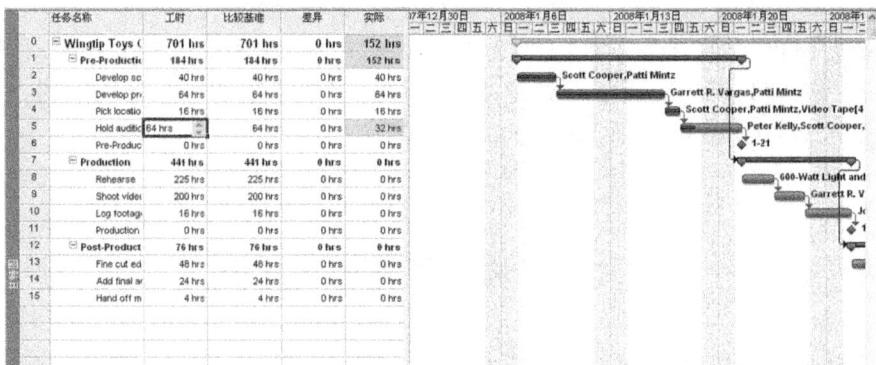

图 2-35　"工时"表

在"甘特图"视图的图部分，可以看到任务 5 已部分完成。在"工时"表中，可看到实际工时值为 32 小时。下面为此任务记录大于预期的实际工时值。

（3）在任务 5 的"实际"域中，输入 80（任务 5 的基准工时是 64 小时）。然后按"Enter"键。结果如图 2-36 所示。Project 会记录任务 5 的已完成工时为 80 小时，并延伸任务 5 的甘特条以表明工期变长，并重新安排后续任务。

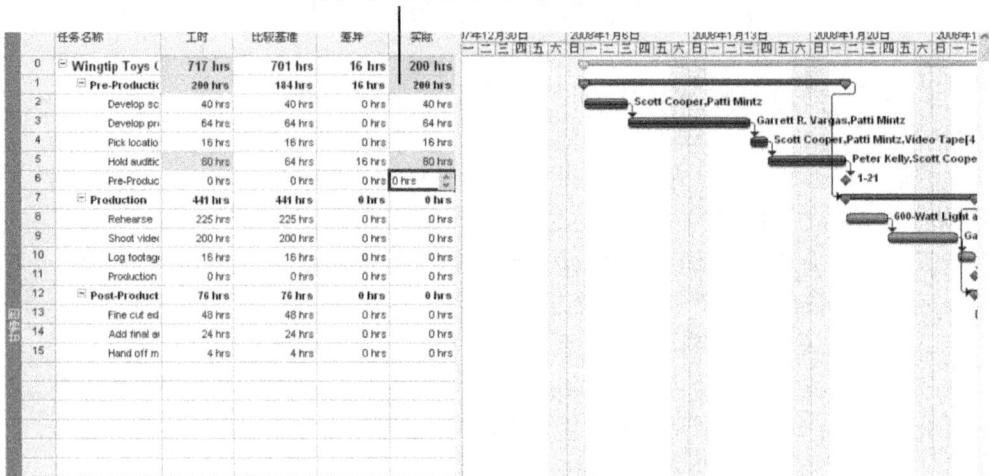

图 2-36　输入任务 5 的实际工时

现在假设已过去一段时日。下面将输入任务的实际开始时间和工期。

（4）在"任务名称"列中，单击某任务名称，例如任务 8。此任务的开始时间比计划晚了一个工作日（在计划开始时间之后的星期三），工期总共为 2 天。下面在"更新任务"对话框中记录此信息。

（5）在"工具"菜单中，指向"跟踪"，然后单击"更新任务"。"更新任务"对话框出现。此对话框同时显示任务工期、开始时间、完成时间的实际值和计划值，以及剩余工期。在此对话框中，可以更新实际值和剩余值。

（6）在对话框左边的"实际"部分的"开始"域中，输入实际开始日期。

（7）在"实际工期"域中，输入或选择"3d"，如图 2-37 所示。

图 2-37　"更新任务"对话框

（8）单击"确定"。Project 记录下任务的实际开始时间和工期，及计划和实际的工时。这些值也影响到摘要任务（任务 7）和项目摘要任务（任务 0），更改之处突出显示，如图 2-38 所示。

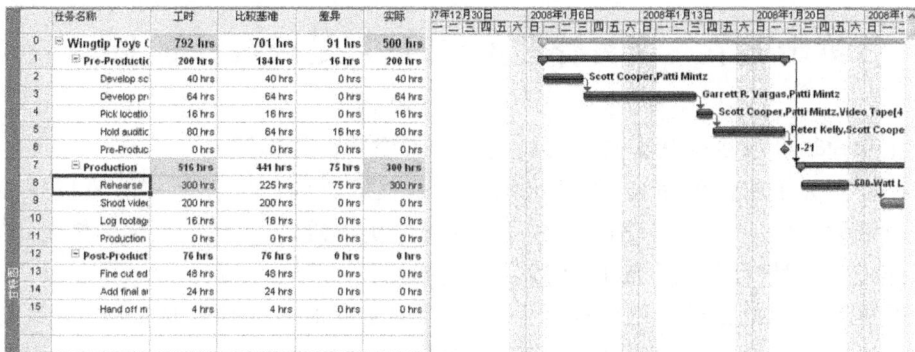

图 2-38　更新任务后，影响之处突出显示

下面将记录任务 9 按计划开始，但工期长于计划工期。

（9）在"任务名称"列中，单击某任务名称，例如任务 9。

（10）在"工具"菜单中，指向"跟踪"，然后单击"更新任务"。

（11）在"实际工期"域中，输入"3d"（或者数量更大的工期），然后单击"确定"。

Project 记录任务的实际工期。

（12）在"标准"工具栏上，单击"滚动到任务"，结果如图 2-39 所示。

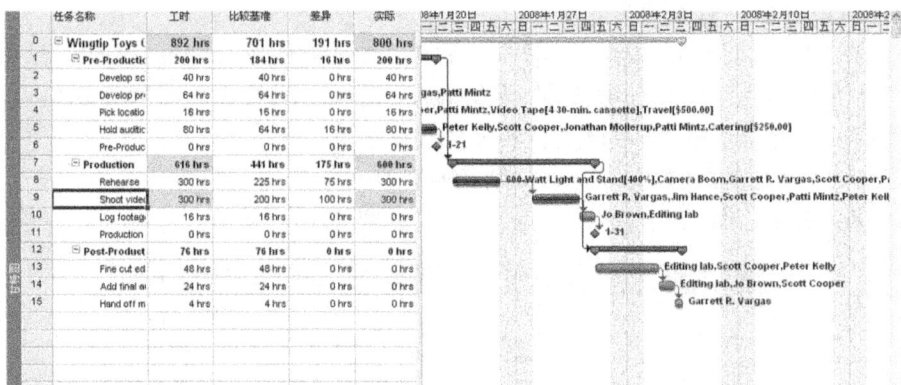

图 2-39　更新任务 9

因为没有指定实际的开始时间,Project 假定任务按计划开始,Project 会根据输入的实际工期计算实际完成时间,实际完成时间会晚于原来计划的完成时间。

(13)在"视图"菜单中,指向"工具栏",然后单击"跟踪"。此时 Project 隐藏"跟踪"工具栏。

第十七节　项目管理重点:项目是否按计划进行

正确地估计项目的状态是需要技巧的。考虑下面的问题:

①对于大多数任务而言,估计完成比例是很困难的。工程师何时完成新发动机生产线设计的 50%? 程序员何时完成软件模块代码的 50%? 在很多情况下,报告工作进度都是"赌运气",因此必然存在风险。

②任务工期中已过去的时间并不总是等于完成的工时值。例如,任务最初需要的工时相对较少,随着时间的推进会增加工时(称为"前轻后重"任务)。当工期过去一半时,完成的工时少于总工时的 50%。

③分配给任务的资源完成任务的标准可能不同于项目经理或分配给后续任务的资源确定的标准。

良好的项目规划和沟通可以避免或减少在项目执行过程中出现上述问题和其他问题。例如,制定适当的任务工期和状态报告周期应该有助于及早发现偏离基准的任务,以便做出调整。判断任务完成的标准是有完备的文档说明的,且被各方认同的,这也有助于防止出现不合格现象。不过,大型、复杂的项目通常都会偏离基准的。

第三章　XPlanner 的安装和使用

第一节　安装 XPlanner

要安装好 XPlanner 必需用到以下几种软件：

(1)XPlanner – 0.7b7 – standalone。

(2)JDK 1.5 或更高版本。

(3)mysql 5.1 或更高版本。

(4)ANT 1.7(可选)。

安装步骤如下：

(1)首先安装好 JDK,JDK 的详细安装过程略。

(2)安装 mysql 5.1,详细过程如下所示。

①选择详细安装模式,如图 3-1 所示。

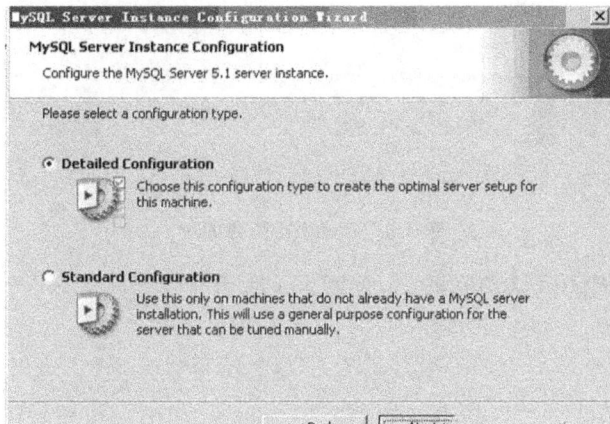

图 3-1　mysql 安装界面 1

②选择 OLTP 模式,如图 3-2 所示。

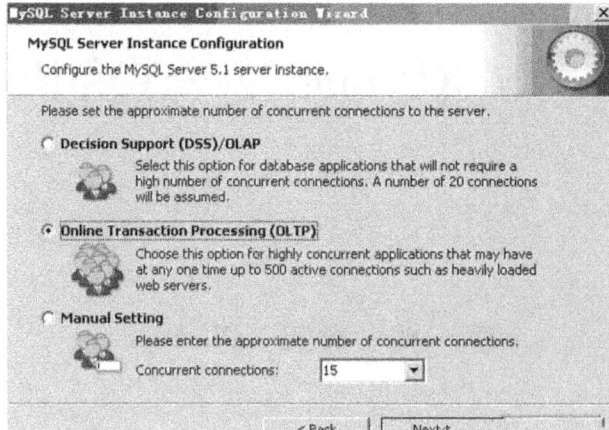

图 3-2　mysql 安装界面 2

③选择默认字符集为 utf8 模式,如图 3-3 所示。

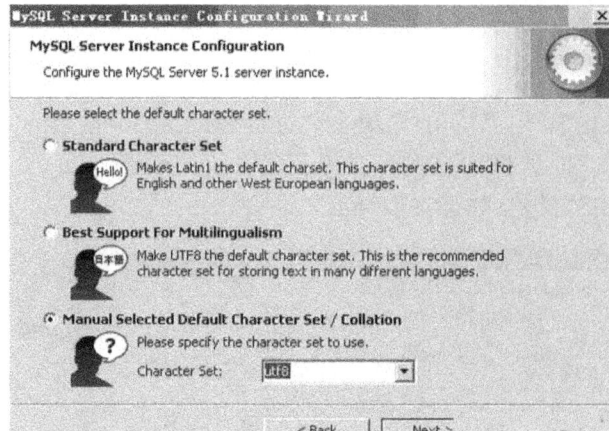

图 3-3　mysql 安装界面 3

④配置数据库的默认访问账户,如图 3-4 所示。

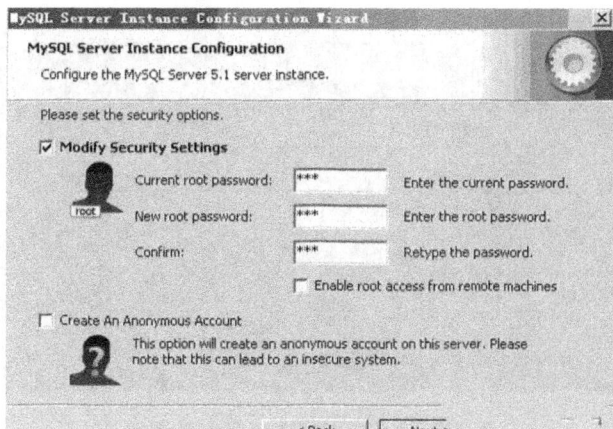

图 3-4　mysql 安装界面 4

⑤mysql 配置成功，如图 3-5 所示。

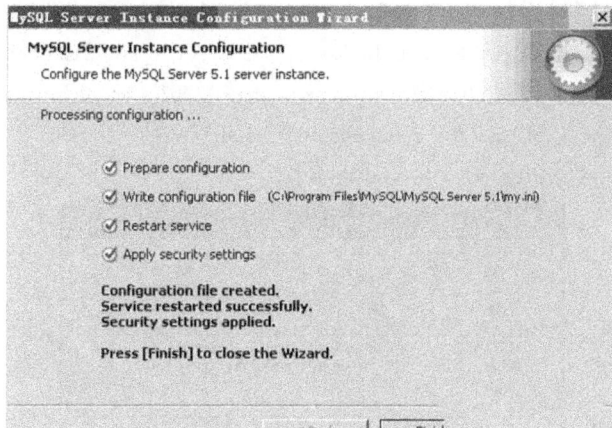

图 3-5　mysql 安装界面 5

（3）安装 ANT，XPlanner - 0.7b7 - standalone 自带有 ANT，这步可以省略掉，注意找到 ANT 的目录就行。

（4）将 XPlanner - 0.7b7 - standalone 解压到 C 盘下（可自己选择路径）。

（5）进入 mysql 命令提示符，创建数据库和用户（使用 create 命令和 grant 命令），如图 3-6 所示。

图 3-6　mysql 中创建数据库和用户

　　(6)配置环境变量。在"我的电脑"上点鼠标右键。在弹出菜单中点"属性"。
在跳出的"系统属性"对话框中点"高级"选卡。进入该选卡后,点击"环境变量"按
钮,跳出"环境变量"对话框(如图 3-7 所示),在该对话框中添加以下系统变量。

CLASSPATH=.；$JAVA\_HOME/lib/tools.jar；$JAVA_HOME/lib/dt.jar

path=$PATH；$JAVA_HOME/bin；C：\xplanner-0.7b7-standalone\installer\ant

ANT_HOME=C：\xplanner-0.7b7-standalone\installer\ant

JAVA_HOME=C：\Program Files\Java\jdk1.5.0

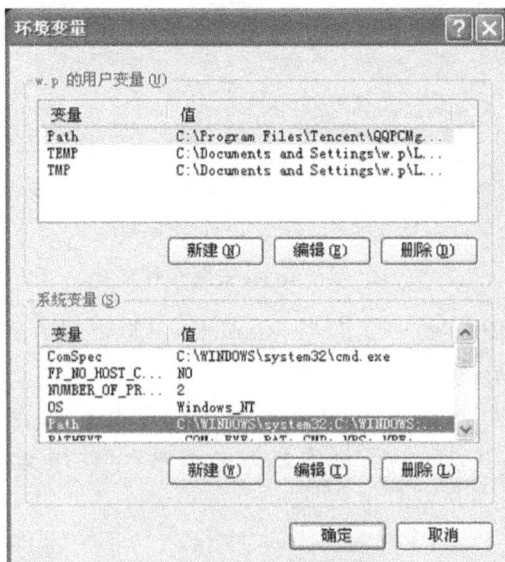

图 3-7　添加环境变量

50

（7）修改配置文件。假如 XPlanner 安装 C:\xplanner-0.7b7-standalone 目录下，则配置文件位于 C:\xplanner-0.7b7-standalone\webapps\ROOT\WEB-INF\classes\xplanner.properties

hibernate.connection.dbname＝xplanner

hibernate.connection.url＝jdbc:mysql://localhost:3306/xplanner

hibernate.connection.username＝xplanner

hibernate.connection.password＝xp

xplanner.migration.databasetype＝mysql

xplanner.migration.patchpath＝patches；com.technoetic.xplanner.upgrade；com.technoetic.xplanner.security.install

（8）进入 XPlanner 目录，启动 XPlanner，如图 3-8 所示。

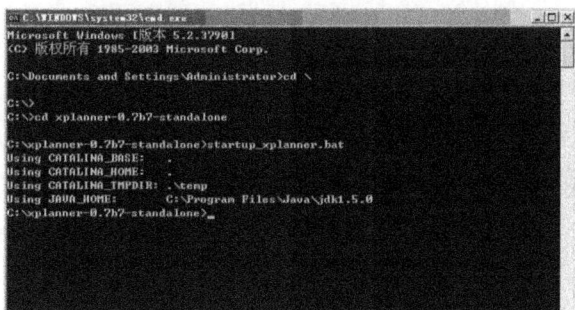

图 3-8　启动 XPlanner

（9）从浏览器中查看 XPlanner 是否能正常访问（地址 http://127.0.0.1:7070），如图 3-9 所示。

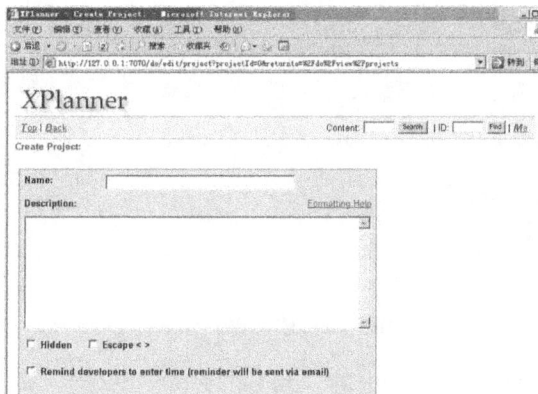

图 3-9　在浏览器中访问 XPlanner

51

如果能看到登录界面就证明安装成功,默认管理员账户为 sysadmin,密码为 admin。

第二节　XPlanner 基本操作

初次登陆 XPlanner,要先创建相应的项目,只有系统管理员可创建项目。创建完项目可依次创建 Iteration、Story、Task。通过点击"Add Project"链接(如图 3-10 所示)创建新项目。

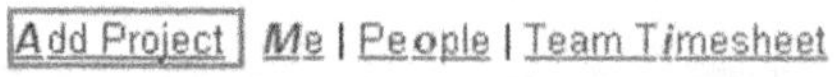

图 3-10　Add Project 链接

在图 3-11 的界面中输入待创建项目的信息。

图 3-11　输入项目信息

创建好项目后,点击图 3-12 中的"Create Iteration"链接,创建迭代。

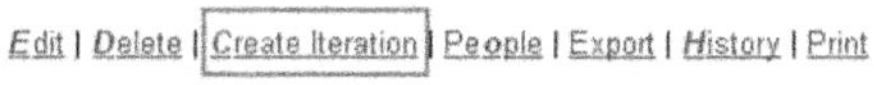

图 3-12　Create Iteration 链接

在图 3-13 的界面中，输入待创建的 Iteration 信息。

图 3-13　输入 Iteration 信息

点击图 3-14 中的"Add Note/Attachment"链接，添加笔记或附件到 Iteration。

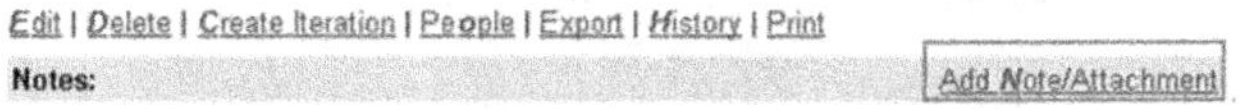

图 3-14　Add Note/Attachment 链接

在图 3-15 的界面中输入笔记或者上传附件。

图 3-15　添加笔记或附件到 Iteration

第三节　添加人员、导入人员、将已有人员移到项目

　　添加人员、导入人员、将已有人员移到项目等操作只有系统管理员或管理者才有权限进行操作。

　　(1)手动添加人员:在项目列表页面,点击左下角的"people",会打开人员查询列表页面,如果要新增人员,点击左下方的 Add Person ,进行添加人员操作即可。

　　(2)导入人员:在人员查询列表下,点击 Import People ,进入导入人员的操作页面,按照操作页面说明格式,将人员列表导入即可。

　　(3)将已有人员添加到指定项目:在人员查询列表页面,选择要移入项目的人员,打开人员信息编辑页面 🖉 ,如图 3-16 所示。

图 3-16　将已有人员添加到指定项目

第四节　创建 Story 与 Task

Story 与 Task 可以变更、增加、编辑、调整或删除，延续到后续的迭代中去。

一、创建 Story

待我们将需求拆分为 Story 后，便可将 Story 录入 XPlanner 中。录入 Story 时注意，估计时间（即计划时间）为本 Story 的初始计划完成时间。下面将 Story 的状态与开发项目进度中对应的状态进行说明。

XPlanner 中 Story 的包括七个状态（如图 3-17 所示），一般使用"planned 已计划""implemented 已履行""verified 已核实""accepted 已接受"四个状态。

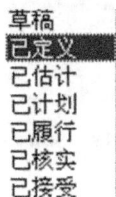

图 3-17　story 的七个状态

点击 Create Story，弹出新增页面，界面如图 3-18 所示。

图 3-18　创建 Story

下面是四个状态对应开发过程中的四个阶段：

（1）已计划：指已经将需求拆分为 Story 并且已经经过评审、制订出了开发计划。由开发责任人或项目经理将 Story 都录入 XPlanner 中。

（2）已履行：指此 Story 已经开发完成，可以提交测试。开发人员记得在开发任务进行到此状态时更新计划。

（3）已核实：指提交测试的 Story 通过了测试部的测试，可以提交用户验收。

（4）已接受：指通过了用户的验收测试，并且用户已经接受此 Story。Story 列表各时间说明如图 3-19 所示。

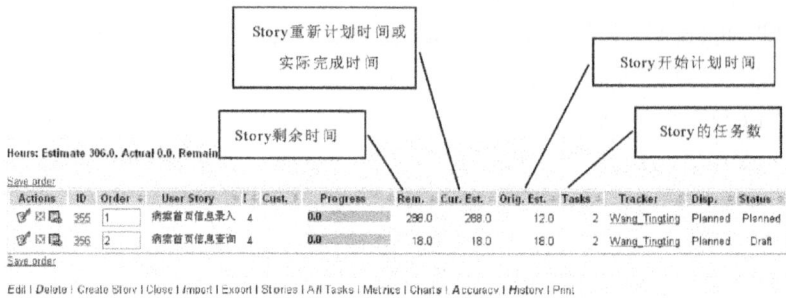

图 3-19　Story 列表

Story 详情时间，如图 3-20 所示。

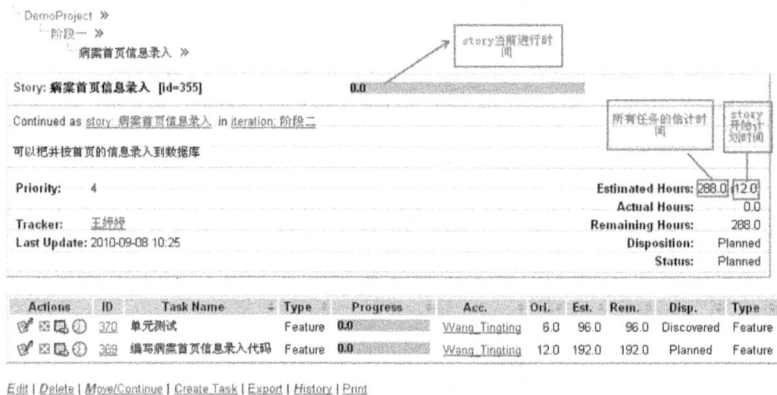

图 3-20　Story 详情时间

56

二、为相应 Story 创建 Task

进入 Story 详情界面，然后选择 <u>Create Task</u> 弹出新增界面如图 3-21 所示。

图 3-21　创建 Task

一般情况一个 Story 下可以创建多个 Task，Task 估计时间会影响 Story 的估计时间。即当 Story 下所有 Task 的时间总和大于 Story 的估计时间时，会将 Story 的时间更新为所有 Task 时间的总和（Story 创建后，估计时间不允许进行第二次编辑，会随着 Task 的实际时间而更新），创建完成后会出现如图 3-22 所示的列表。

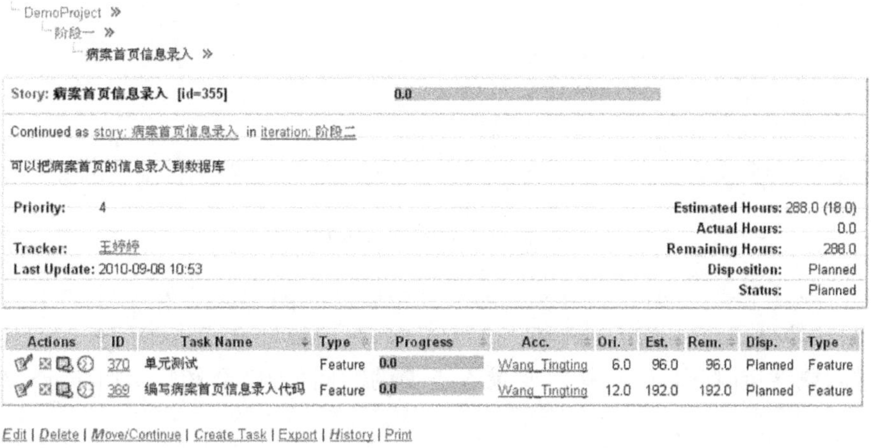

图 3-22　Task 列表

57

一个 Story 下可能会有多个 Task。Task 列表的时间说明,如图 3-23 所示。

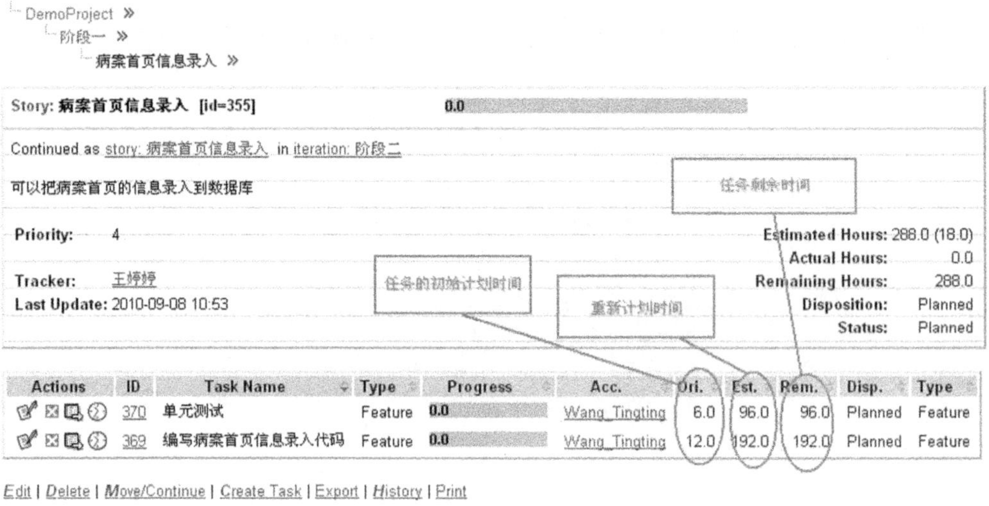

图 3-23　Task 列表中的时间

三、Task **更新**

Task 列表,需要开发人员每天更新,因为这样 XPlanner 才能正确统计当前 Task 的开发状态及进度。更新 Task 时点击 ⊘,会出现如图 3-24 所示的界面。

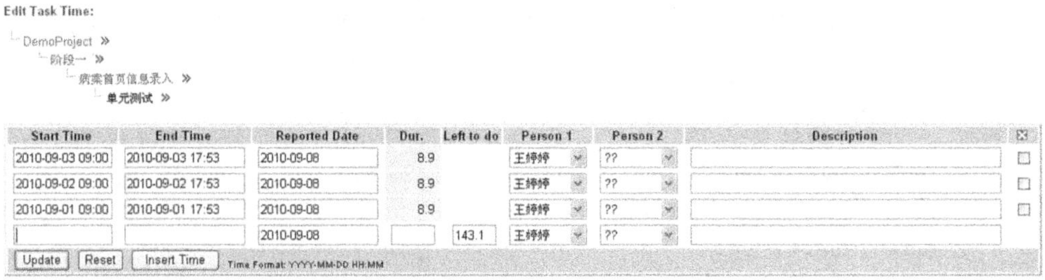

图 3-24　更新 Task 时间

时间最好不要手动输入,将光标放到开始时间一列中及结束时间,然后点击插入时间,系统会默认将当时时间插入文本框内,然后依据格式将时间修改为正确的开始时间或结束时间(注意:一定要录入正确的时间,否则会影响 XPlanner 统计数据)。

更新 Task 状态:当一个 Task 完成后,及时将此 Task 状态更新,如图 3-25 所示。

图 3-25　更新 Task 状态

四．Task 状态及时间说明

Task 完成后，便可以看到此 Task 的进度条显示为绿色，如图 3-26 所示。待 Story 下的所有任务都完成了，此 Story 的进度条显示为绿色，不再是蓝色了。

图 3-26　更新 Task 状态

从 Story 列表中可以查看当前本迭代(Iteration)所有 Story 的完成情况及开发状态。点击下方的“All Tasks”(如图 3-27 所示)，可查看当前迭代的所有 Task(如图 3-28 所示)。

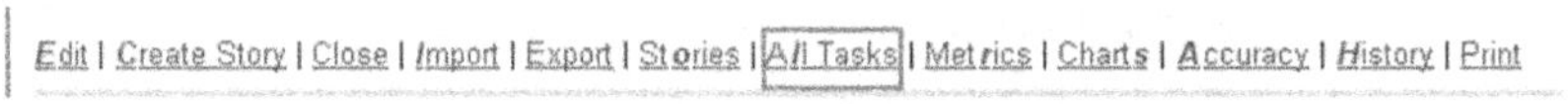

图 3-27　All Tasks 链接

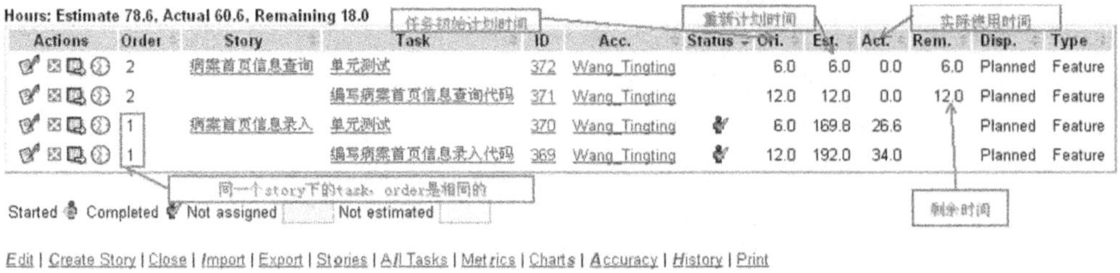

Actions	Order	Story	Task	ID	Acc.	Status	Ori.	Est.	Act.	Rem.	Disp.	Type
	2	病案首页信息查询	单元测试	372	Wang_Tingting		6.0	6.0	0.0	6.0	Planned	Feature
	2		编写病案首页信息查询代码	371	Wang_Tingting		12.0	12.0	0.0	12.0	Planned	Feature
	1	病案首页信息录入	单元测试	370	Wang_Tingting		6.0	169.8	26.6		Planned	Feature
	1		编写病案首页信息录入代码	369	Wang_Tingting		12.0	192.0	34.0		Planned	Feature

图 3-28　当前迭代下的所有 Task

All Tasks 列表中几个时间需要注意一下。Task 的初始计划时间，即创建 Task 时的计划时间，重新计划时间与初始计划时间不一致有两种情况。一种是手动去更新 Task 的估计时间；一种是当实际开发时间超过 Task 初始估计时间时，会将此时间更新为实际时间。初始计划时间在创建完 Task 后就不能更新初始计划时间了，修改的话也只能更新重新计划时间。

第四章　Visual SourceSafe 的操作使用

第一节　第一次登录

从"开始"菜单—"程序"—"Microsoft Visual SourceSafe"下找到 VSS 快捷方式并运行之，VSS 的启动界面如图 4-1 所示。

图 4-1　登录界面

输入用户名及相应密码，点击"确定"登录软件。

第二节　主界面

主界面包括工具栏、文档目录、文档、操作信息几个部分，与 Windows 资源管理器类似，如图 4-2 所示。

61

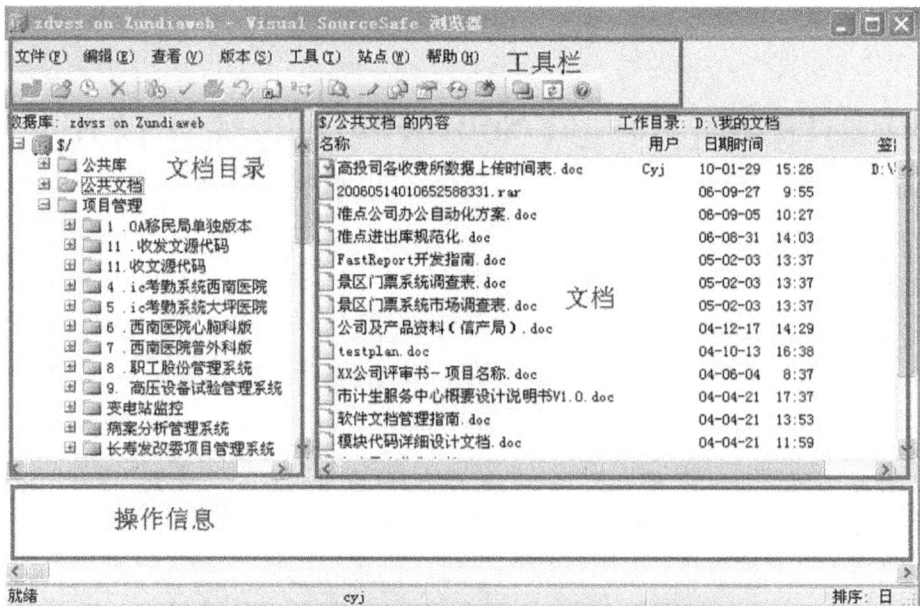

图4-2 登录后的主界面

第三节 常用操作

一、创建新的文件夹

(1)在"文档目录"中选中要创建新文件夹的项目(上级文件夹)。

(2)在"文件"菜单中选中"创建项目..."，如图4-3所示。

(3)写入要添加的文件夹的名称。

(4)点击"确定"。

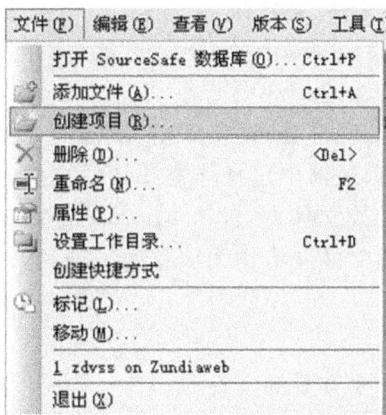

图 4-3 "文件－创建项目"菜单项

二、添加文件

1. 使用菜单添加文件

(1)在"文档目录"中选中你要添加文件的文件夹。

(2)在"文件"菜单中选中"添加文件...",如图 4-4 所示。

(3)在文件列表中选中要添加的文件;如果要添加多个文件,可以使用"Ctrl"键或"Shift"键,同时选中多个文件。

(4)点击"确定"。

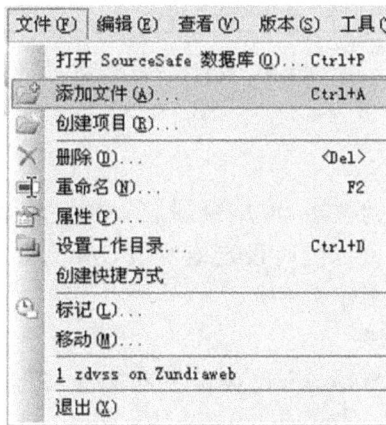

图 4-4 "文件－添加文件"菜单项

2. 用拖动的方法添加文件/文件夹

（1）打开 Microsoft Visual SourceSafe 浏览器，调整其大小，使得 Windows 资源管理器能够显示出来。

（2）打开 Windows 资源管理器，调整大小，使得两个浏览器可以同时显示。

（3）从 Windows 资源管理器中选择你要添加的文件或文件夹。

（4）拖动你所选的文件或文件夹，放入 Microsoft Visual SourceSafe 浏览器，文件被添加进项目，而添加的文件夹将作为项目的子项目。

三、查看文件

（1）在"文档"区中选中要查看的文件。

（2）在"编辑"菜单中选中"查看文件..."，打开对话框，如图 4-5 所示。

（3）选中"查看该文件在 SourceSafe 上的副本"。

（4）点击"确定"。

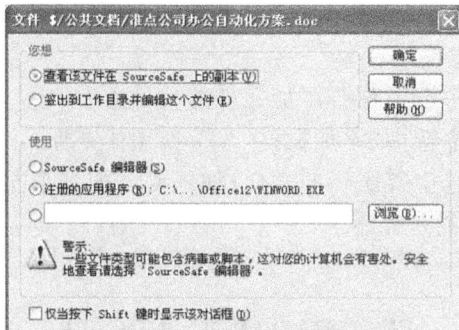

图 4-5　查看文件对话框

四、创建工作文件夹

在执行签入、签出、撤销签出、取出最新版本和文件合并等命令时都必须使用工作文件夹。工作文件夹可以随时设定或修改，Microsoft Visual SourceSafe 系统中可以通过两种方式设置工作文件夹。

1. 专门创建工作文件夹

（1）Microsoft Visual SourceSafe 浏览器的文件或"文档目录"中选中要设置工作文件夹的文件/文件夹。

（2）在"文件"菜单中选择"设置工作目录..."，打开对话框，如图 4-6 所示。

（3）在资源管理列表中选择或新建文件夹。

（4）点击"确定"。

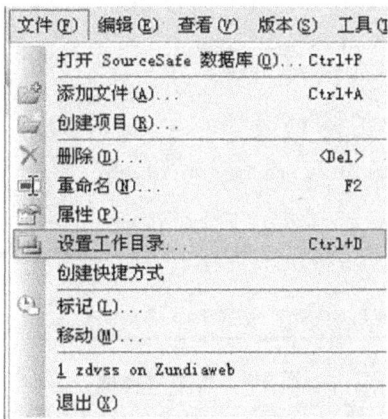

图4-6 "文件一设置工作目录"菜单项

2. 利用"签出"操作设置工作文件夹

在对文件执行"签出"操作时，如果该文件还没有设置工作文件夹，系统会提示用户为文件创建或指定工作文件夹，用户可以根据系统的提示对文件进行工作文件夹的设置。

五、修改和编辑文件

1. 从服务器获取文件

在"编辑"菜单中选中"编辑文件..."，打开对话框，如图 4-7 所示。

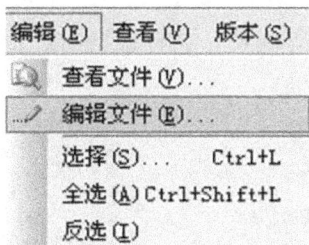

图 4-7 "编辑一编辑文件"菜单项

选择"签出到工作目录并编辑这个文件"，如图 4-8 所示。

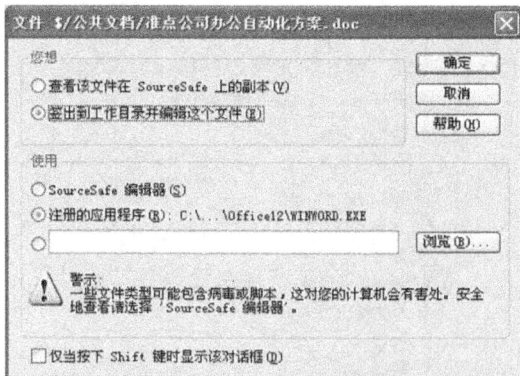

图 4-8　签出对话框

选择本地文件对应目录,如图 4-9 所示。点击"确定"。

图 4-9　选择目录

　　注意:如果用户已经为文件设置了工作文件夹,VSS 会将该文件的一个拷贝放入用户的工作文件夹并打开文件,让其进行修改和编辑;如果用户还没有为文件设置工作文件夹,VSS 系统会提醒用户设置工作文件夹,用户可根据系统提示,先设置工作文件夹,然后对文件进行编辑。文件被"签出"后,文件状态变为 ,如图4-10所示。

图 4-10　文件签出状态标志

2. 在服务器中签出文件

该操作与"(A)从服务器获取文件"操作一样,都是从服务器上获取文件,操作方法如下:

在"文档"区中选中要编辑的文件;在菜单中点"版本",选择"签出",如图 4-11 所示。

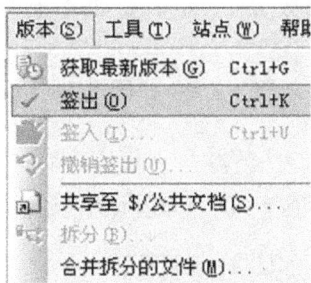

图 4-11 "版本一签出"菜单项

选择本地文件对应目录,如图 4-12 所示。

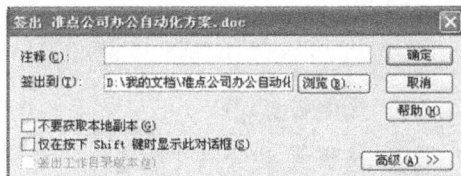

图 4-12 选择目录

点击"确定",如果服务器中版本与本地不一样时,将跳出提示对话框,如图4-13 所示。

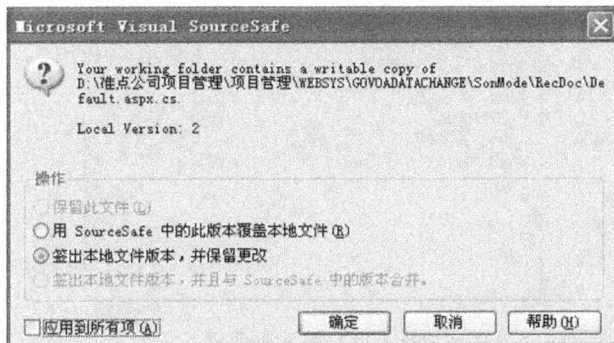

图 4-13 版本不一致时的提示对话框

选择"用 SourceSafe 中的此版本覆盖本地文件"表示用服务器中的版本更新本地文件;选择"签出本地文件版本,并保留更改"则表示保留本地更改版本,放弃服务版本。

3."签入"文件,更新服务器文件

通过"(A)从服务器获取文件"或者"(B)在服务器中签出文件"步骤,签出文档后,就可以修改文档。文档修改完后,我们要将本地修改的文件更新到服务器上。操作如下:

在"文档"区中选中要"签入"的文件,如图 4-14 所示。

| 淮点公司办公自动化方案.doc | Cyj | 10-02-01 | 9:54 | D:\我的文档 |

图 4-14　选中要签入的文档

在"版本"中选择"签入",如图 4-15 所示。

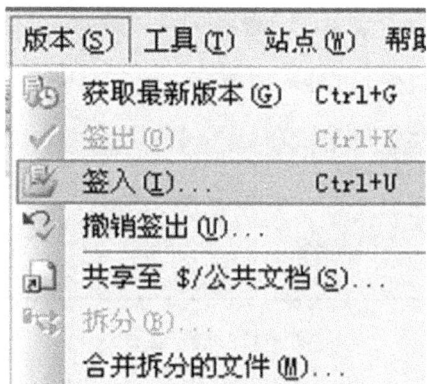

图 4-15　"版本—签入"菜单项

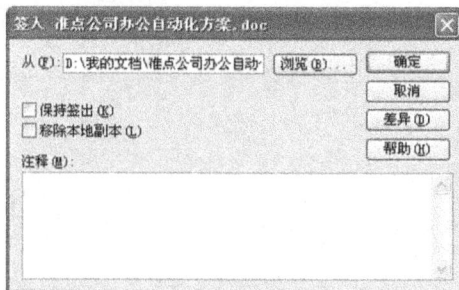

图 4-16　签入对话框

在跳出的对话框中点击"确定"按钮,如图 4-16 所示。

六. 移动文件/文件夹

1. 移动文件

移动文件是通过如下方法实现的:将文件共享到项目中,再将其从原来的项目中"删除"。移动文件后,历史信息仍然有效。不能用"移动"命令来移动单个的文件。

2. 移动文件夹

要使用"移动"命令,必须先请管理员为你设置对移动目的项目的"添加"权限和对源项目中文件的"删除"权限。

使用移动命令你可以重新定位子文件夹,将其从一个文件夹移动到另一个文件夹。这个命令重新定义了被移动文件夹的路径。此命令不可以重命名文件;只能通过执行重命名命令来实现它。这个移动命令不会改变文件夹的内容或其子文件夹的历史信息,它只会影响到新的和旧的上级文件夹的历史信息。当移动一个文件夹之后,就不能再如实地重建其上级文件夹的早期版本。

移动文件夹的具体操作步骤如下:

(1)选中要移动的文件夹。

(2)在"文件"菜单中选中"移动",如图 4-17 所示,打开对话框。

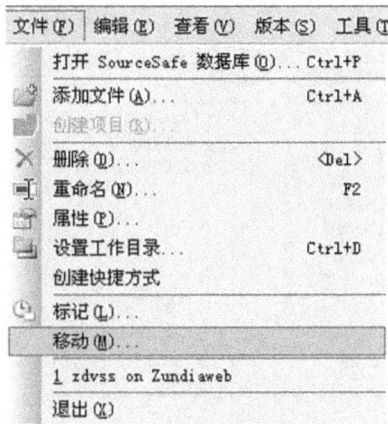

图 4-17 "文件—移动"菜单项

(3)在列表中选择目标文件夹。点击"确定"。

七、共享文件/文件夹

(1)在 VSS 浏览器中选择你要共享的目标项目。

(2)在"版本"菜单中选择"共享至..."如图 4-18 所示,打开共享对话框。

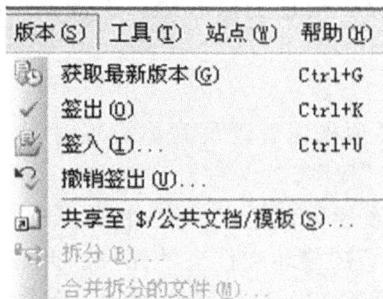

图 4-18 "版本—共享至"菜单项

(3)在列表中选择你要共享的文件,如果文件没有显示,可在旁边的项目列表中查找,如图 4-19 所示。

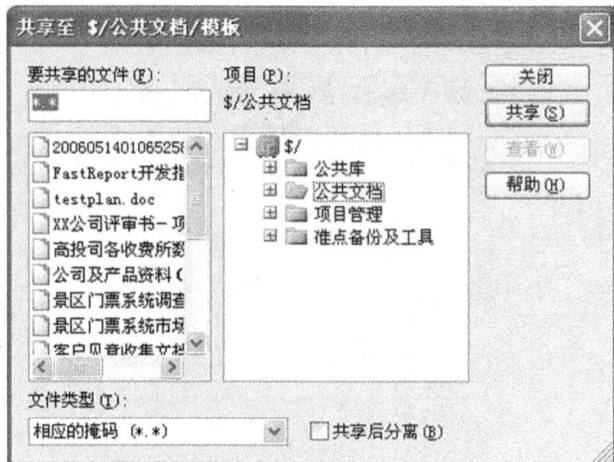

图 4-19 共享至对话框

(4)点击"共享",点击"关闭"。

八、拆分文件

1. 拆分被共享的文件

(1)在浏览器中选中你想要拆分的文件。

（2）在"版本"菜单中选择"拆分..."，打开拆分对话框，如图 4-20 所示。

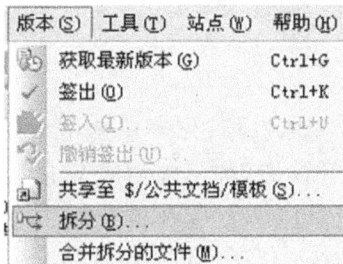

图 4-20　拆分对话框

（3）在对话框中填写备注，如图 4-21 所示。

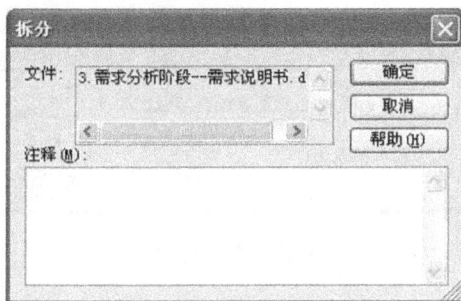

图 4-21　备注对话框

（4）点击"确定"。

2. 用一步操作完成文件的拆分与共享

（1）在 Microsoft Visuevl SourceSafe 浏览器中选择你要拆分与共享的项目。

（2）在"版本"菜单中打开"共享至..."对话框。

（3）在列表中选择要共享的文件，如果你要的文件没有显示，在项目列表中。

九、删除/恢复文件或文件夹

如果想从 VSS 中移走某个文件，你必须首先确定是仅仅从项目中移走，还是从 VSS 数据库中移走。你还必须确定是要删除文件，但使其能够恢复，还是永久性地破坏它。VSS 中有以下三种途径可以实现从数据库中移走文件。

1. 删除

将文件从项目中移走。该文件仍然存在于 VSS 数据库和其他共享该文件的项目中，你可以恢复它。此命令同样适用于项目。

（1）选择文件或项目。

（2）选择"文件"菜单中的"删除"命令。

（3）点击"确定"。

2．彻底删除

删除对话框中有永久性破坏选项，你一旦选中它，文件或项目将从 Microsoft Visual SourceSafe 数据库中被移走，你不能再恢复它。此外，当"删除"和"永久删除"命令用于共享文件时，它只作用于当前文件夹，其他共享的文件夹仍然保留该文件，该文件依然保存在 Microsoft Visual SourceSafe 数据库中。

（1）选择文件或项目。

（2）选择"文件"菜单中的"删除"命令。

（3）选中"永久销毁"选项，如图 4-22 所示。

图 4-22　删除对话框

（4）点击"确定"。

十、查看文件/文件夹的历史信息或早期版本

在历史信息中保存有每一个文件的详细信息。在历史对话框中，你不仅可以浏览到文件的版本信息、备注以及文件的相关历史记录，也能够获取文件的某个旧版本。注意：只有文件可以从历史信息中"签出"，文件夹不能从中"签出"。要查看历史信息：

（1）在"工具"菜单选中"查看差异..."，如图 4-23 所示，打开差异选项对话框，如图 4-24 所示。

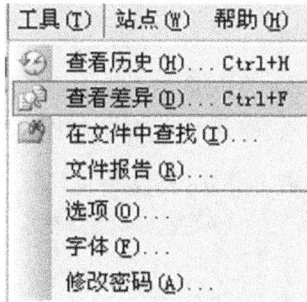

图 4-23　查看差异菜单项

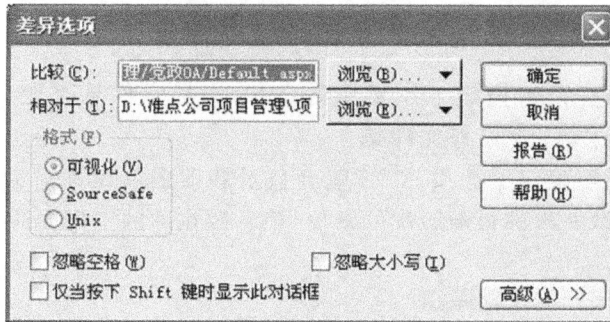

图 4-24　差异选项对话框

（2）点击"确定"，出现文档比较的界面，如图 4-25 所示。

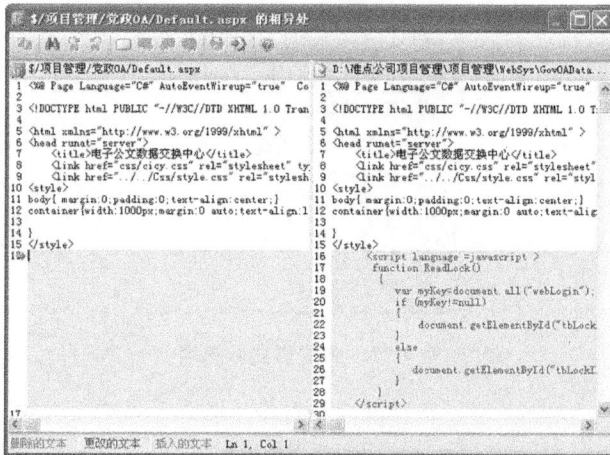

图 4-25　文档相异处比较界面

十一、获取文件的最新版本

（1）选择你要操作的文件，也可以是多个文件或某个项目。

（2）在"版本"菜单中选择"获取最新版本"，如图 4-26 所示。

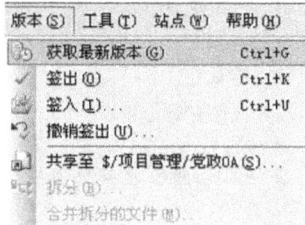

图 4-26　获取最新版本菜单项

（3）如果你事先没有设定工作文件夹，VSS 会提示你是否设定一个工作文件夹，点击"确定"，设定一个工作文件夹。

（4）如果你已经确定了选项，VSS 就会显示获取最新版本对话框，你就可以从当前的项目中获取文件的最新版本的备份，把它放在你的工作文件夹中。

十二、获取文件的早期版本

（1）选中你要查看的文件。

（2）在"工具"菜单中选中"查看历史..."，打开对话框，如图 4-27 和图 4-28 所示。

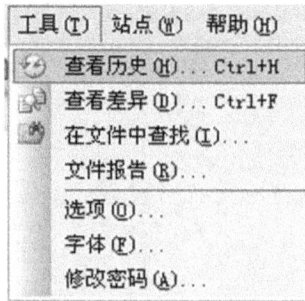

图 4-27　查看历史菜单项

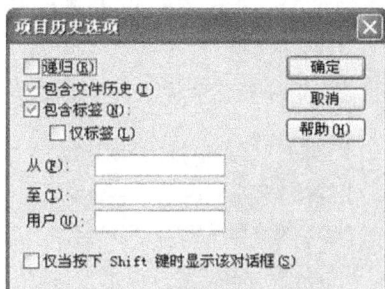

图 4-28　项目历史选项对话框

（3）点击"确定"，打开历史对话框，如图 4-29 所示。

（4）选中你要查看的版本。

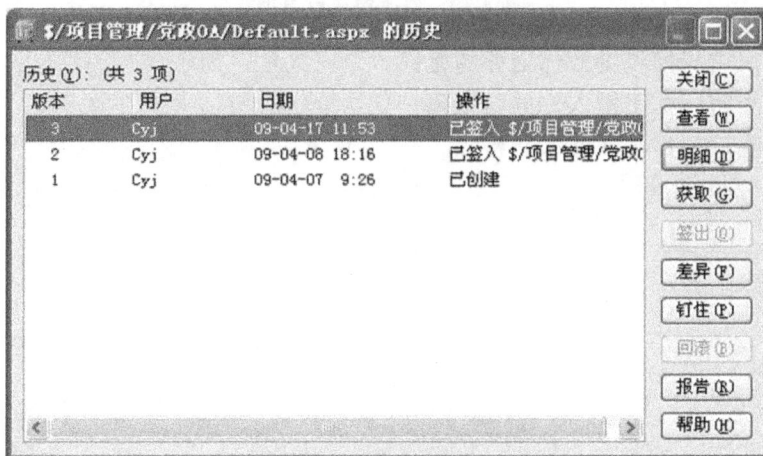

图 4-29　历史对话框

（5）点击"获取"，打开对话框。

（6）如果你事先没有设定工作文件夹，Microsoft Visual SourceSafe 会提示你是否设定一个工作文件夹，点击"确定"，设定一个工作文件夹。

（7）在取出对话框中点击"确定"，文件版本的备份就会从当前项目调入你的工作文件夹。

十三、修改用户密码

使用更改密码命令来设置或更改你的密码。要更改密码，必须首先知道当前的密码，如果你忘记了自己的密码，请与管理员联系。

登录的时候，VSS 会提示你输入密码以确认你的身份。如果管理员为你设置的用户名与你的网络名是相同的,VSS 将不会再提示你输入密码。

如何更改密码:

(1)从"工具"菜单打开"修改密码..."对话框,如图 4-30 所示。

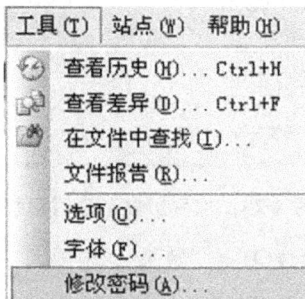

图 4-30 修改密码菜单项

(2)在旧密码框里键入你当前的密码。

(3)在新密码框里键入你的新密码。

(4)在确认框里再次键入新密码。

(5)点"确定"。

第五章　SVN 的安装和使用

第一节　SVN 简介

　　Subversion(简称 SVN)是一个自由/开源的,专门针对 CVS 的不足而开发的版本控制系统。Subversion 是版本管理的后台系统,其核心是保存数据的档案库(repository)。档案库用分层的"文件－目录"文件系统数来存储数据。连接到档案库的客户能读写数据。档案库记录了用户的每一次修改。客户端可以从档案库中提取过去的版本。

　　TortoiseSVN 是 Subversion 版本控制系统的一个免费开源客户端,可以跨时间管理文件和目录。文件保存在中央版本库,除了能记住文件和目录的每次修改以外,版本库非常像普通的文件服务器。你可以将文件恢复到过去的版本,并且可以通过检查历史知道数据做了哪些修改,谁做的修改。

　　Subversion 的核心就是 repository,翻译成"版本库"。它是存储工作拷贝文件集的仓库,对外提供一定的接口供 SVN 客户端使用。对外接口可以是文件系统、SVN 服务、apache 插件提供的 SVN 服务,等等。一定要区别 SVN 版本库和工作拷贝。版本库以典型的文件和目录结构形式文件系统树来保存信息。任意数量的客户端连接到 Subversion 版本库,读取、修改这些文件。客户端通过写数据将信息分享给其他人,通过读取数据获取别人共享的信息,如图 5-1 所示。

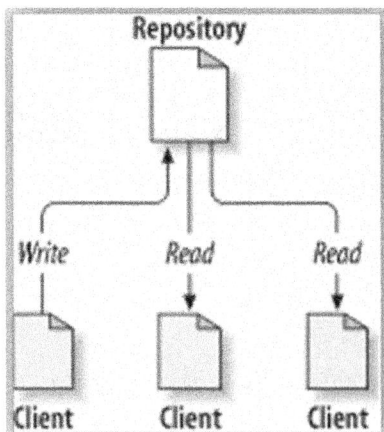

图 5-1　SVN 架构图

一、工作拷贝

从 SVN 版本库中得到的一份工作文件集合。工作拷贝中会包含 . svn 文件夹,其中记录了原始文件,可以对这些文件进行修改。一般是通过 checkout 来获得工作拷贝。

二、合并

将已经修改过的工作拷贝提交到 SVN 版本库的过程,一般是通过 commit 来提交你的更改。

第二节　SVN 的安装和配置

一、安装流程

从 Subversion 的官方网站下载安装程序。从 TortoiseSVN 的官方网站下载安装程序,注意下载的 TortoiseSVN 版本应与 Subversion 版本相配。

分别运行两个安装程序,选好路径安装即可,不用特殊配置,TortoiseSVN 安装完成后需要重新启动计算机。

二、配置流程

以下简称 Subversion 为 SVN。

为了更好地说明怎么使用，用实际例子来解释。首先假设版本库的目录结构是：

/————————根目录

|———design　项目设计

|———release　已经发布的版本目录（用来放置已经可以正常使用的项目）

|———trunk　开发中的项目

然后本例中有三个人，Tom 和 Jim 是开发人员，而 Jerry 是设计人员。

将版本库放到硬盘上的 D:\SVN\repo 中。

三、创建版本库

现在可以右击 D:\SVN\repo 这个文件夹，然后在 TortoiseSVN 的弹出菜单里选择 Create repository here，如图 5-2 所示。

等会后就会弹出对话框表示创建成功，默认的是 FSFS 的格式。

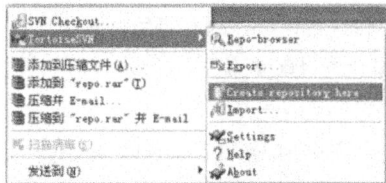

图 5-2　Create repository here 菜单项

四、启动 SVN

启动 SVN 很简单，首先要确定版本库要放在哪里，接着上一步，本例中我们把版本库放在 D:\SVN\repo 文件夹，那么就在命令提示符下输入如下命令：

svnserve. exe ———daemon ———root D:\SVN\repo

svnserve 将会在端口 3690 等待请求，———daemon 选项告诉 svnserve 以守护进程方式运行，这样在手动终止之前不会退出，———root 选项设置根目录位置，来限制访问服务器的目录，从而增加安全性和节约输入 svnserve URL 的时间，也可以不写———root 选项。进一步说明请参见"第三节　SVN 基本操作"的"SVN 的访问"部分。

使用普通用户身份直接运行 svnserve 通常不是最好的方法。它意味着服务器必须有一个用户登录,服务器重启后每次又要手动启动 svnserve。最好的方法是将 svnserve 作为 windows 服务运行。

五、svnserve 的认证

默认情况下,svnserve 只提供匿名用户读访问的权限,也就是说只能从版本库中 checkout 和 update 工作拷贝,但是无法 commit 对工作拷贝任何更改,为了更好地使用和管理 SVN,我们给 SVN 加入用户验证。

首先打开版本库所在的文件夹,本例是在 D:\SVN\repo,在 repo 文件夹下的 conf 文件夹里的 svnserve. conf 文件,在[general]下面添加一些内容,如图 5-3 所示。

```
[general]
anon-access = none
auth-access = write
password-db = passwd
authz-db = authz
```

图 5-3　svnserve. conf 文件中的[general]段

anon-access＝none　表示匿名用户无法使用

auth-access＝write　表示通过用户认证的有写的权限

password-db＝passwd　用户密码配置文件

authz-db＝authz　用户组权限配置文件

现在访问 SVN 就需要用户名和密码了,下面来配置一下用户名密码。首先打开 passwd 文件,在文件里的[users]下面添加用户名和密码,格式为:用户名＝密码,例如:

[users]

Tom＝123

Jerry＝123

Jim＝123

这样就有了三个用户,下面可以分配某个用户访问某个目录的权限。权限分配时,应遵守从根目录到子目录、从设置最广泛权限到最精细权限、从只读权限到读写权限的设置原则,即从根目录开始设置最广泛的访问权限,然后逐步设置下属子目录的访问权限。提示:目录的访问权限既可以分配给组,也可以分配给指定用户。

打开 authz 文件,在[groups]域里添加组,格式为:组名＝用户名,用户名...。现在创建一个 developer 组,将 Tom 和 Jim 都加进去,我们让 Tom 和 Jim 作为开发者;而 Jerry 作为设计者,加入到 design 组中。也就是:

〔groups〕

developer＝Tom,Jim

design＝Jerry

　　然后在下面添加权限控制,我们让开发者 developer 这个组的人可以访问所有目录(拥有读写权限);而设计者只能访问 design 这个目录(拥有读写权限),而在其他目录中只有只读权限。

〔/〕　♯代表根目录

@developer＝rw　♯r 代表读,w 代表写,rw 代表有读和写的权限

@design＝r

〔/design〕

@design＝rw

　　在此不再做过于详细的权限控制,但是权限设置是非常必要的,可以参照以上说明自己设计。

第三节　SVN 基本操作

一、SVN 的访问

如何访问 SVN 请看下表:

方案	访问方法
file：//	直接版本库访问(本地磁盘或者网络磁盘)。
http：//	通过 WebDAV 协议访问支持 Subversion 的 Apache 服务器。
https：//	与 http：// 相似,但是用 SSL 加密。
svn：//	通过未认证的 TCP/IP 自定义协议访问 svnserve 服务器。
svn＋ssh：//	通过认证并加密的 TCP/IP 自定义协议访问 svnserve 服务器。

　　由于我们采用的是 svnserve 服务器,所以可以通过 file：//和 svn：//来访问,在此不对其他三种方式进行说明了。

　　由于在运行 svnserve 的时候已经将根目录定位到 repo 文件夹了,所以使用 svn：//访问时直接输入 svn：//localhost/即可访问到,如果不加上那个－－－root 选项的话,地址就必须是 svn：//localhost/repo。如果是从其他计算机访问,只需要

将 localhost 改成 SVN 服务器机器的 IP 地址即可。

二、首次导入（Import）

对需要进行版本控制的源码，需要先导入版本库中，形成第一个修订版本。使用 TortoiseSVN 的 import 命令完成。

首先在任意地方新建一个文件夹，比如叫作 import，里面新建三个文件夹 design，release，trunk。各个文件夹的作用已经在前面说了，在此不再赘述，然后将某个正在开发的项目放到 trunk 文件夹中，我们的项目有两个文件：一个是 A. java，一个是 B. java。

A. java 文件中的内容是

```
public class A{
    public static void main(String[] args){
        System. out. println("Hello Everyone!");
    }
}
```

B. java 文件中的内容是

```
public class B{
}
```

然后把 design. doc 放到 design 文件夹里。这些都放好之后，在 import 文件夹的空白处右击，在弹出的菜单中选择 TortoiseSVN，然后在弹出菜单中选择 Import...，弹出如下内容，如图 5-4 所示。

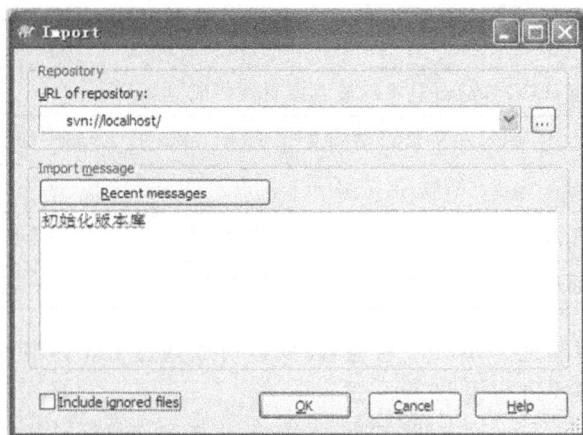

图 5-4　Import 窗口

在 URL of repository 中填上访问地址,本地访问题写 svn://localhost/即可(外网机器访问就需要填写 IP),然后在 Import message 里写上说明,点击"OK"按钮进入下一步。

点击"OK"按钮后,会看到如下界面,如图 5-5 所示,输入用户名和密码(为了更加快捷地工作,可把 Save authentication 复选框选上,这样以后就不用一次次地输入用户名和密码了)。此后,如想去掉保存好的用户名/密码,可以在 TortoriseSVN 的 settings 里把它去掉。点击"OK"按钮,就会出现如图 5-6 的界面。

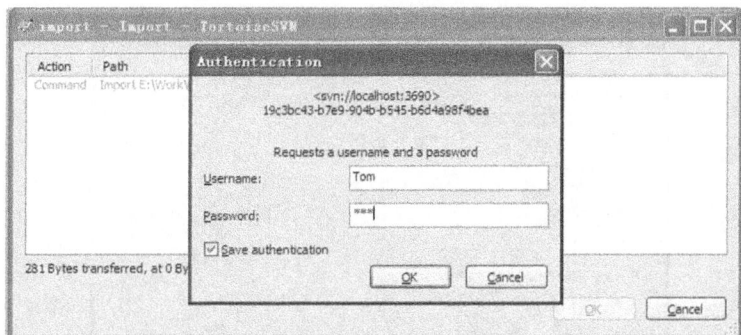

图 5-5　Authentication 窗口

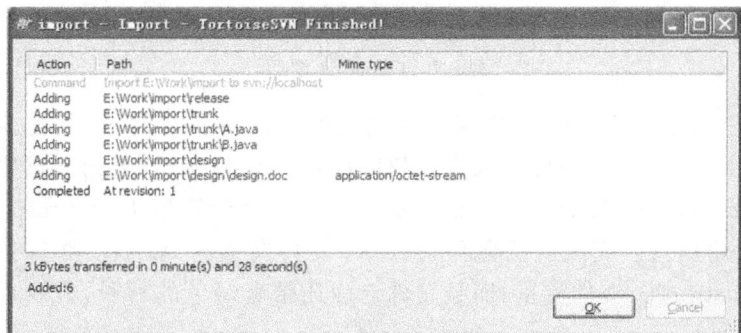

图 5-6　Import 提示信息窗口

这样在版本库中就有了我们要进行版本控制的项目,而且可以看到最后一句提示:当前的版本是 1。

三、首次签出 (Checkout)

将版本库中的代码签出(checkout)到一个文件夹,就得到了一份工作拷贝,然后可以对工作拷贝进行修改。签出使用 Checkout 命令。注意,不要签出到刚才用于导入(import)的文件夹,否则文件的覆盖会出现错误。如果确实很需要,就先删除原文件夹中的所有内容,然后签出(checkout)。签出所得的工作拷贝,每个文件夹中都包含一个.svn文件夹,其中包含了SVN的一些信息,如版本库,不要进入和修改这个文件夹。

具体操作是在你想获得开发源码的地方,比如说本例在E:\workspace,在此文件夹里右击,在弹出菜单中选择SVN Checkout...,弹出如下界面(图5-7)。假设我们只需要开发代码,地址要定位到trunk文件夹,其他的默认即可,点击"OK"。

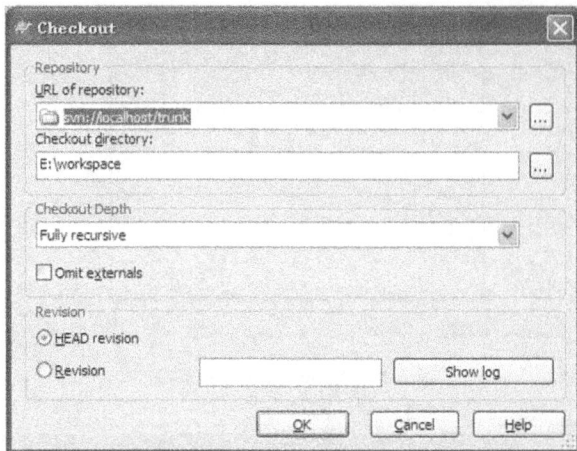

图 5-7　Checkout 窗口

如果刚才没有让TortoiseSVN记住密码的话,Checkout的时候也会提示需输入密码的。此时,需输入对此目录有读权限的用户名和密码,否则会报错。这一次采用了Tom的用户名和密码。然后再在另外一台计算机上用Jim这个用户名Checkout一份拷贝。完成后就会看到trunk文件夹里的A.java和B.java都被拷贝到workspace这个文件夹里,而且文件上面还带着绿色的对号,表示现在的文件没有作修改。

四、提交修改 (Commit)

现在可以修改你的项目代码了,比如说Tom给B.java添加一个Test方法,具体如下:

```
public static void test(){
        System.out.println("Test!");
}
```

84

　　添加完成后你就会看到 B. java 文件上的绿色的小对号变成了红色的小叹号，表明文件已经作了修改。如果感觉没有问题了，可将修改完的文件提交到版本库中，可以直接右击修改的那个文件，也可以在修改的文件所在的文件夹右击，然后选择 SVN Commit...，这时会弹出如下界面（图 5-8）。填写相应信息后，点击"OK"即可，这时如果没有让 TortoiseSVN 记住用户名和密码，则会出现输入用户名和密码的提示。输入之后出现如图 5-9 所示的界面，这时可以看到版本已经变成了 2。

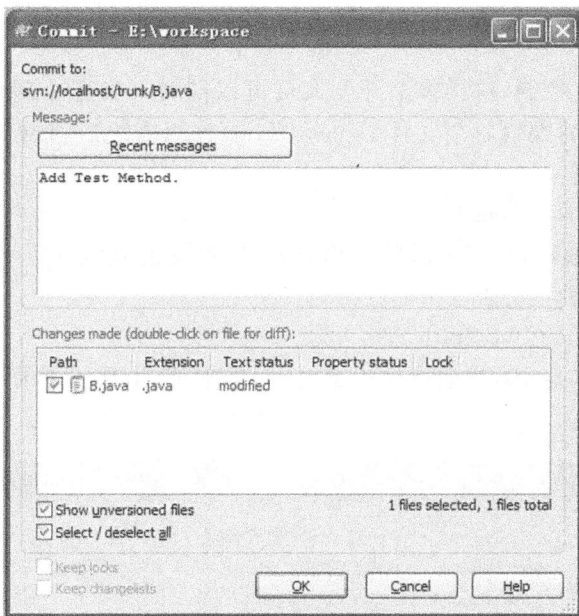

图 5-8　Commit 窗口

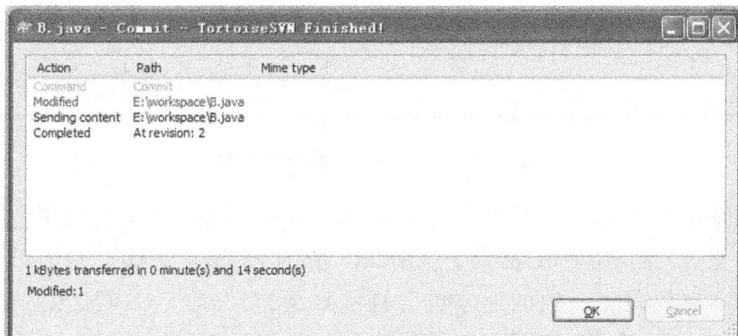

图 5-9　Commit 信息提示窗口

五、更新（Update）

上一步中 Tom 修改了 B. java,然后提交到版本库中,而这时 Jim 还是以前的,如果他想要看到最新的版本,那么就必须更新他的拷贝,在需要更新的文件夹里右击或者需要更新的文件右击,选择 SVN Update,这时就会提示你输入用户名和密码,输入之后就会更新到最新的版本。因此,在 SVN 中 Update 与 Checkout 操作的含义是类似的。

六、合并（Merge）

由于有了版本控制,这样多个开发人员可以同时开发这个项目。假设,当两个人 Tom 和 Jim 同时编辑一个文件 B. java,Tom 编辑完之后将修改提交,他为 Test 方法添加了一句话:

System. out. println("Tom Test!");

若当前版本是 10,提交之后版本就会加 1,提交后变成 11。当 Jim 修改完,他在 B. java 里添加了一句话

System. out. println("Jim Test!");

他当前的版本是 10,当他也想提交时,问题来了,出现了下面的错误,如图 5-10 所示。

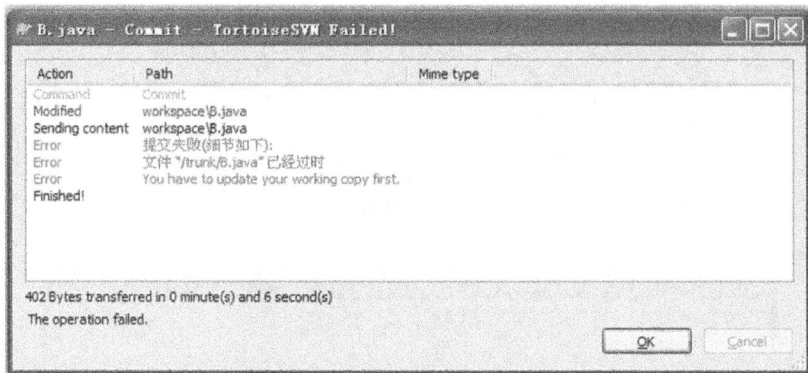

图 5-10 Commit 信息提示窗口

意思就是说当前你提交的版本低于版本库中的版本,已经过时了,这说明有人在此之前提交过,这时候 Jim 必须先 Update 他的 B. java 文件。如果 Update 与当前本地的版本有代码不一致的地方也会提示如下错误,表示 SVN 无法自动处理这些差异,需要人工去合并,如图 5-11 所示。

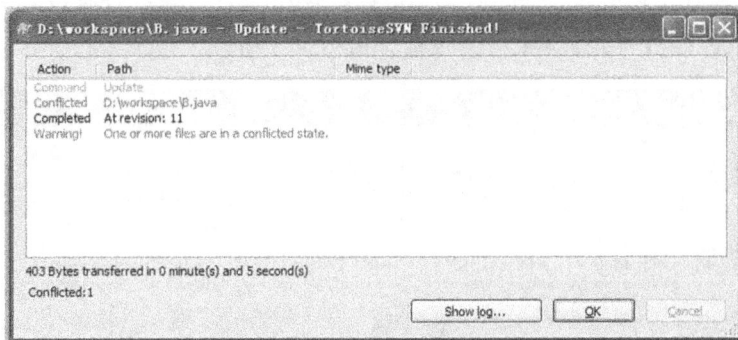

图 5-11　Update 信息提示窗口

　　B.java 上的图标也变成了黄色三角叹号，而且当前文件夹里会出现几个文件，文件名都是修改了的文件的文件名加上版本号，比如说当前 Jim 的目录里就有 B.java.r10，B.java.r11，B.java.mine 等，这些文件是不同版本的 B.java 文件，.mine 里的是本地修改后的文件内容，这些文件都是为了让你手工去合并而产生的。手工去合并有一些方式，推荐使用 TortoiseMerge，具体操作为 Update 完毕后再次 Commit B.java 文件，这个时候就会发现如下情况，如图 5-12 所示。

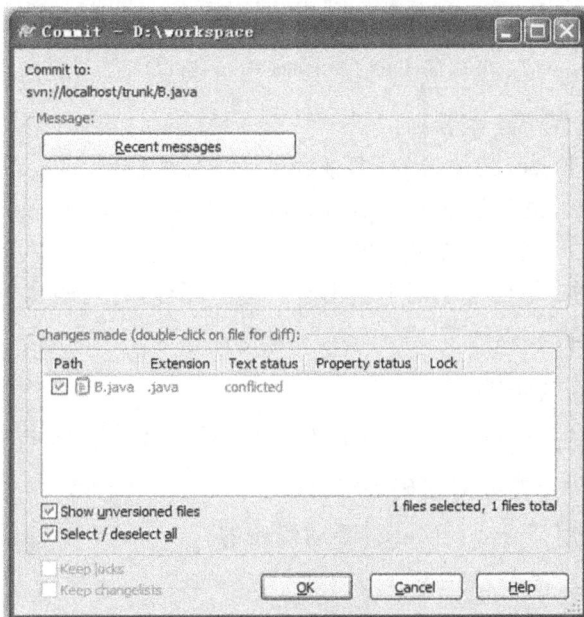

图 5-12　Commit 窗口

B. java 是红色标注的,并且是 conflicted(有冲突的),这个时候双击列表框中的 B. java 就打开了 TortoiseMerge 的界面,如图 5-13 所示。

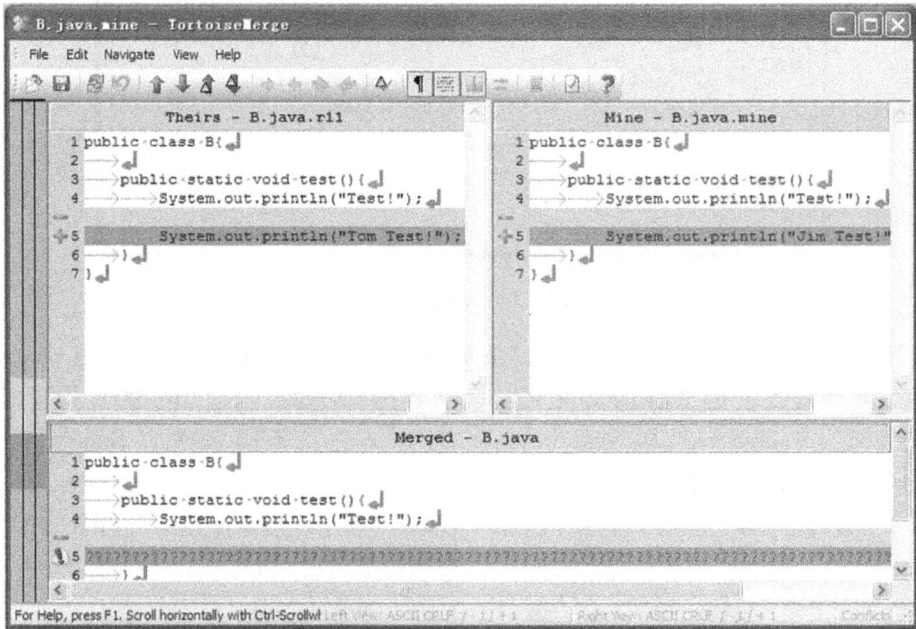

图 5-13   TortoiseMerge 窗口

在这里面可以很清楚地看到:

左上角上是 Theirs(其他人的,即来源于版本库中的 B. java);

右上角是 Mine,也就是自己的 B. java(在本例中是 Jim 的);

下方是 Merged,表示合并之后的 B. java。

Merged 窗口中,每行最左列中会出现一些小图标,它们的意思如下:

+:表示这一行被添加了。

−:表示这一行被删除了。

○:表示这一行只包含空格一类的修改,并没有实际代码的变化,或者是几行合并成为了一行,你不需要对代码进行修改。

◢:这一行是用 TortoiseMerge 手动修改的。

◢:表示这一行现在有冲突。

▨:表示这一行以前有冲突,但是冲突的效果被空格和回车隐藏了。

═:表示这一行的修改因为恢复了原始的内容,修改被解除了。

在这里面可以清楚地看到,两个版本中的不同之处,如果想留下 Jim 写的,也就是 Mine 中的"System. out. println("Jim Test!");"那就在 Mine 中的红色的那一行里右击选择 Use this text block,意思是使用这一行,这时候将会看到下方 Merged 里的那一行问号变成了刚才选择的那一句。

在上面窗口中,有如下菜单项:

(1)Use this text block:表示使用这一行。

(2)Use this whole file:表示使用整个这一文件。

(3)Use text block from "mine" before"theirs":表示冲突的两句话都要留下,但是 mine 的在前面,theirs 的在后面。

(4)Use text block from "their" before"mine":表示冲突的两句话都要留下,但时 theirs 的在前面,mine 的在后面。

若想要冲突的两句全都留下,而且 Tom 的在前,Jim 的在后,我们就可以在 Merged 窗口中右击冲突的一行使用 Use text block from "their" before "mine",这样就达到了想要的效果。修改完之后,别忘了最重要的一步,就是确认已经 Merge 完毕,点击图标工具栏上的图标即可,然后就可以关闭 TortoiseMerge,这个时候就可以点击 OK 来提交了。

如果代码不是很多,不适用 TortoiseMerge 工具,而是直接用文本编辑器来修改。可以直接用 notepad 打开 Update 后的 B. java,可以看到里面在有冲突的地方有相应的标注,如下:

```
<<<<<<<. mine
        System. out. println("Jim Test!");
=======
        System. out. println("Tom Test!");
>>>>>>> .r11
```

这个表示本地文件在这一行是 System. out. println("Jim Test!");而版本库中的也就是第 11 个版本的 B. java 是 System. out. println("Tom Test!");现在就需要决定是留哪一句。假如通过与其他开发人员交流之后,知道怎么改了,就可以将那些标注和不能留下的语句去掉,然后将那些自动生成的 B. java. r10,B. java. r11,B. java. mine 等文件删除,最后再次 Commit。但这个方法只适合代码较少、很容易发现不同之处的情况,否则还是使用 TortoiseMerge 好。

七. 回退 (Update to reversion)

这个情况是很容易发生的,那就是当大家修改了代码之后,发现程序有很大漏洞,而且极其难改,这个时候就可以将你的项目回退到以前的版本。具体操作是:

右击想要回退的文件夹或者文件，在 TortoiseSVN 弹出菜单中选择 Update to re-version...，然后回弹出一个界面，比如说我们想要回退到第 10 个版本，只需要在 Revision 中填写相应的版本号，然后点击"OK"即可。

八．Branch and Tag

当开发到一定程度，感觉这个版本已经足够成熟，能拿来发布了，就可以将此版本当做一个备份保留起来。这样以后修改此项目时如果出了大问题，可以立刻拿备份的版本来用。假如现在想发布和备份 trunk 目录中的源代码，操作方法是：首先从版本库中将 trunk 中的项目 checkout 到一个文件夹里，然后右击 checkout 下来的这个文件夹，TortoiseSVN 弹出菜单中选择 Branch and Tag...，然后就会看到如下界面（图 5-14）。

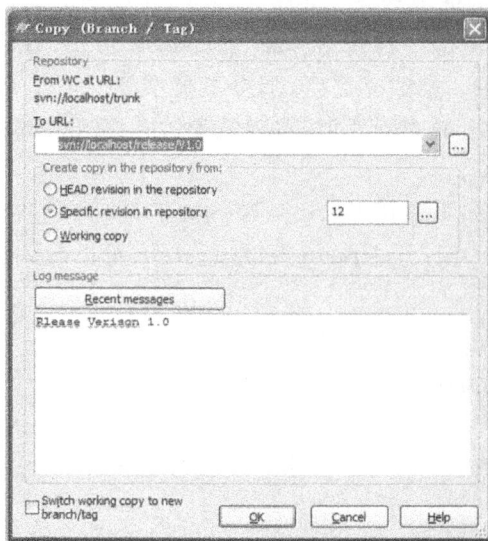

图 5-14　Branch/Tag 窗口

在 To URL 里填好路径，既然是可以发布的版本，我们就把它放到 release 文件夹里的 V1.0 文件夹里。如果没有这个文件夹，系统会自动创建的。然后在下面的 Log 窗口里写上日志，点击"OK"即可。之后我们可以使用 TortoiseSVN 里的 Repository Brower 来看看是否加入成功了。

九．导出 (Export)

假如想要给客户某个项目的所有文件，不带版本信息，则可以用 TortoiseSVN 菜单里的 Export 来实现。新建一个文件夹，右击文件夹，在 TortoiseSVN 菜单里选择 Export...如图 5-15 所示,将刚刚做好的 V1.0 版本导出,点击"OK"即可。

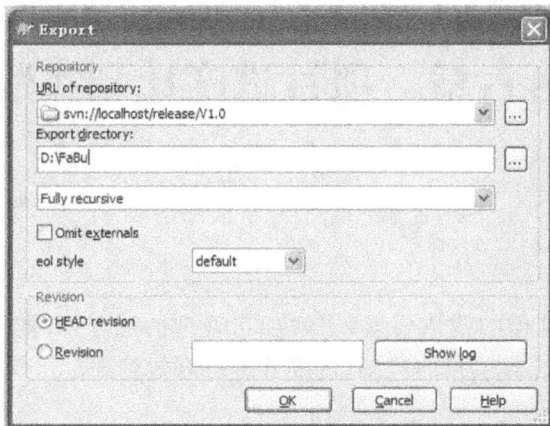

图 5-15　Export 窗口

十、版本库浏览器（Repository Brower）

可以随时通过版本库浏览器（Repository Brower）来查看版本库中的变化,打开后如图 5-16 所示。

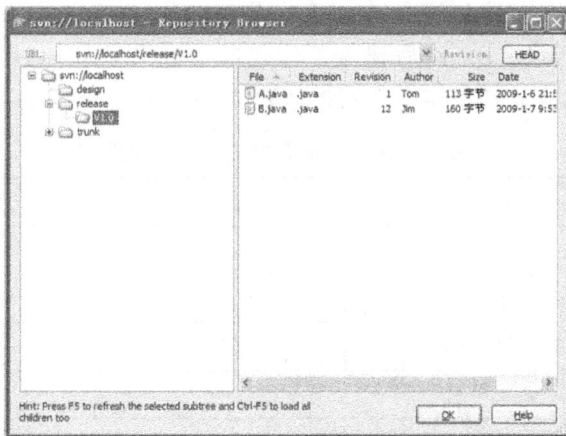

图 5-16　Repository Browser 窗口

在这里可以看到文件和文件夹都有对应的版本和作者,还有最后的修改时间,这里的作者表示最后修改的那个人。

第六章　项目进度计划实验

一、实验目的

掌握 IT 项目管理的构成要素，了解项目管理的过程，并能够运用项目管理工具 Microsoft Project 对项目的范围、进度等进行有效管理。

二、实验内容

ABC 公司是一家从事系统集成和咨询服务的 IT 企业。目前该公司的开发人员受客户委托正在开发一套新的 OA 产品。项目开发组决定导入 Microsoft Project 2003，以便高效地管理项目开发过程，该产品要求从 2006 年 11 月 1 日起建设，要求在 2007 年 3 月 1 日之前正式上线，并且工作越快开展越好。

项目组在与客户交流后了解了基本的系统需求，通过技术核心小组的充分讨论，采用头脑风暴法，对项目进行详细工作分解结构，并对各个工作包工作量采用 PERT 评审技术进行估计。然后根据工作包的关联关系和项目的人员情况，进行进度计划的制订。其主要工作内容安排如表 6-1 所示。

表 6-1　OA 产品开发主要任务安排

序号	项目任务	前提任务	工时数（天）
A	策划与立项	——	10
A1	信息系统企划	无	5
A2	客户商谈确认	A1	5
B	系统分析	——	40
B1	问题分析	A2	10
B2	数据需求分析	B1	15
B3	过程需求分析	B1	15
C	系统设计	——	30
C1	功能模块设计	B2，B3	15

序号	项目任务	前提任务	工时数(天)
C2	用户界面设计	B2,B3	5
C3	代码设计	B3,C1	3
C4	数据库设计	B2,C1	7
D	系统实现	—	30
D1	编码和单元测试	C1	15
D2	集成与系统测试	D1	12
D3	系统安装与切换	D2	3
E	试运行	—	10
E1	运营测试	D3	7
E2	用户培训	D2,D3	3

为保证项目顺利实施,组建了高效的项目团队。共有 7 人参加该项目,其中,刘星和马明负责策划与立项,李丽负责系统分析,王英和张静负责系统设计,张静和李华负责系统实现,徐峰负责试运行。必须把每个人与每个子任务下的具体的工作任务包建立起任务分配关系(例如,李华负责 D3)。其中,刘星和马明作为项目兼职人员,其余作为全职人员。为确保项目如期完成,项目组每周召开项目例会,并通过周报对项目的进度、质量、成本、问题和风险进行信息发布。每个子任务(策划与立项、系统分析、系统设计、系统实现、试运行)完成后,为其设置一个里程碑。

根据上述陈述,对该系统项目进行项目管理,采用项目管理软件 Microsoft Project 完成如下任务:

(1)完成项目的范围管理。

(2)完成项目的进度管理。

三、实验步骤

1. 项目范围管理

步骤 1　制定项目开始时间和结束时间(日期范围),以便创建一个新文件。文件名为"学号姓名—实验 1. mpp"。具体工作步骤如下:

(1)从"文件"菜单中选择"新建"命令,生成空白的甘特图视图。

(2)单击"文件"菜单下的"保存"命令,或从工具栏上的保存标识对文件进行保存。

(3)从"项目"菜单中选择"项目信息"命令,将弹出项目信息对话框。

(4)因为项目要求在四个月内完成且越快越好,因此在项目信息对话框的"日程排定方法"下拉列表中设置"从项目开始之日起",并设置项目优先级。

步骤2 确定项目范围,并对项目进行分解,逐步形成实施项目所需的任务列表(工作分解结构)。具体工作步骤如下:

(1)按表 6-1 的内容依次将任务输入甘特图的任务表中(也可以通过 Word 或 Excel 文件导入)。

①通过 Word 导入方法:复制任务名称,粘贴即可。

②通过 Excel 导入方法:

a. 新建 Excel 空白表格,粘贴任务文本,加入列名"任务名称",将工作表名改为"task",该表格保存为 task. xls。

b. 打开任务向导,"列出项目中的任务"选择"从 Excel 导入任务"。

c. 新建映射,将数据追加到活动项目,导入"任务"、导入包含标题,将"task"设为源工作表名称。

d. 完成。

(2)在原先任务基础上加入里程碑。按住"Ctrl"键,用鼠标在任务表格的序号栏选中"策划与立项"下面的"信息系统企划""客户商谈确认"和"与客户签订合同"三项任务,在工具栏中选择"降级"命令。

重复步骤 2,将二级任务在任务表格上进行降级。

对于周期性任务,则在"插入"菜单中选择"周期性任务"命令,此时会出现"周期性任务信息"对话框,填入具体信息后单击"确定"按钮,甘特图中便会显示出该项周期性任务。

添加周期性任务时,要注意将其添加在所有任务之前。

本项目中,每周和每月的周期性任务的工期均设为"0d";每周五、每月第一天发生。

2. 项目进度管理

步骤1 输入任务工期。具体步骤如下:

在任务的"工期"微调框中键入所需的工期,格式可以是月份、星期、工作日、小时或者分钟。此外,如果要表明该任务的工期是估计值,则应该在后面键入一个问号"?",对于项目的里程碑,相应的任务工期应该为 0。

按下"Enter"键。

一级任务的工期由二级任务决定,依次类推,无法直接输入。

步骤2 设定项目工作日历。具体步骤如下:

选择"工具"菜单下的"更改工作时间命令",将弹出对话框,可供进行工作时间的修改,以满足加班或者工作时间调整等特殊需要。

假设某个月每周六都要加班,则可以按住"Ctrl"键用鼠标在日历上选中所有星期六的日期,选中"非默认工作时间"单选按钮,在"工作时间栏"中输入预定的加班时间。

步骤3 定义任务的依赖关系。项目中的任务在时间上的关联性分为如下 4 种情况:

完成—开始(FS):只有在任务 A 完成之后任务 B 才能开始。

开始—开始(SS):只有在任务 A 开始之后任务 B 才能开始。

完成—完成(FF):只有在任务 A 完成之后任务 B 才能完成。

开始—完成(SF):只有在任务 A 开始之后任务 B 才能完成。

具体步骤如下:

(1)选取"任务名称"栏中要按所需顺序连接在一起的两项或者多项任务。选取不相邻任务,可以按住"Ctrl"键并单击任务名称;若选取相邻任务则按住"Shift"键并单击希望连接的第一项和最后一项任务。

(2)根据任务之间的先后关系,单击工具栏上的"链接任务"标识,从而建立任务之间的相关性。注意此时的时间相关性为"完成—开始"类型。

(3)重复上面步骤,直到所有的任务建立了关联性。

(4)需要改变或删除任务相关性时,可以直接在条形图之间的连线上双击鼠标,便会出现标题为"任务相关性"的对话框供修改。

第七章 项目成本计划实验

一、实验目的
运用项目管理工具 Microsoft Project 对项目进行成本管理。

二、实验内容
案例与第六章案例相同。

三、实验步骤

1. 录入项目范围
略,具体过程请参见第二章实验步骤中的范围管理。

2. 录入项目进度
略,具体过程请参见第二章实验步骤中的进度管理。

3. 项目成本管理
步骤 1 增加项目资源。具体步骤如下:

(1)单击"视图栏"中的资源工作图标识,将出现"资源工作表视图"。

(2)在其中填入资源名称和相关信息,若要更改资源信息可以双击,弹出相应的"资源信息"对话框进行设置。

其中,刘星和马明作为兼职人员,把两者的最大单位设为 50%,其他人员为 100%;标准费率为¥20.00/工作日,加班费率为¥30.00/工作日。

步骤 2 分配资源。具体步骤如下:

(1)在甘特图视图中,选中任务,单击工具栏上的分配资源标识,将弹出"分配资源"对话框。

当添加多个资源到同一任务时,会出现以下提示框,本项目选择第一项。

但是在资源工作表中,会出现以下情况。红色即代表该资源被过度使用。如李丽,在同一工期内要完成数据需求分析和过程需求分析两项任务。若该资源的最大单位为100%,则显然存在过度使用。

（2）在甘特图中,双击某一任务,选择"资源"选项卡,可设置各资源的使用单位,即资源的使用率。

第八章　项目进度控制实验

一、实验目的

运用项目管理工具 Microsoft Project 对项目进行进度控制。

二、实验内容

案例与第六章案例相同。

三、实验步骤

1. 录入项目范围

略，具体过程请参见第二章实验步骤中的范围管理。

2. 录入项目进度

略，具体过程请参见第二章实验步骤中的进度管理。

3. 项目成本管理

步骤 1：增加项目资源。略，具体过程请参见第二章实验步骤中的成本管理。

步骤 2：分配资源。略，具体过程请参见第二章实验步骤中的成本管理。

4. 跟踪控制

步骤 1　基准计划。具体步骤如下：

(1)选择"工具"菜单下的"跟踪"子菜单，然后单击"保存基准计划"命令。

(2)在对话框中选择"保存比较基准"和"完整项目"两个选项，然后单击"确定"按钮。

步骤 2　录入实际成本和时间。具体步骤如下：

(1)选择"视图"菜单下的"工具栏"子菜单，再选择"工具栏"子菜单下的"跟踪"命令，将出现跟踪工具栏。

(2)在甘特图视图中的"任务表格"中选中被跟踪的任务，单击"跟踪工具栏"上的更新任务标识,将弹出"更新任务"对话框。

(3)在"更新任务"对话框中设置目前的任务进度信息。如任务"信息系统企划",实际开始日期为 2006 年 11 月 1 日,在工期为两天时,已完成总进度的 85%。

(4)从"视图"菜单或"视图栏"中选择"跟踪甘特图"命令,以查看实际和基准计划信息。

步骤 3 盈余分析(可选)。具体步骤如下:

(1)选择"视图"菜单下的"表"子菜单,选择"其他表"命令,将弹出"其他表"对话框。

(2)选择"盈余分析"选项,然后单击"应用"按钮,在追踪甘特图视图中显示所有的列,可以查看项目情况。

第九章　项目配置管理(VSS)实验

一、实验目的
运用 Visual SourceSafe(VSS)进行源代码的版本管理。

二、实验内容
学会配置和使用 VSS 软件。请根据第四章内容,按照其中的步骤进行。将实验过程截屏到实验报告中。

三、实验步骤
1. 在版本库中创建项目、创建文件夹、添加文件
略,具体过程请参见第四章。
2. 创建工作文件夹
略,具体过程请参见第四章。
3. 签入和签出文件
略,具体过程请参见第四章。
4. 修改和编辑文件
略,具体过程请参见第四章。
5. 共享文件/文件夹
略,具体过程请参见第四章。
6. 拆分文件
略,具体过程请参见第四章。
7. 删除/恢复文件或文件夹
略,具体过程请参见第四章。
8. 查看文件/文件夹的历史信息或早期版本
略,具体过程请参见第四章。

9. 获取文件的最新版本

略,具体过程请参见第四章。

10. 获取文件的早期版本

略,具体过程请参见第四章。

第十章　项目配置管理(SVN)实验

一、实验目的

运用 SVN 进行源代码的版本管理。

二、实验内容

学会配置和使用 SVN 软件。请根据第五章内容,按照其中的步骤进行。将实验过程截屏到实验报告中。

三、实验步骤

1. 安装和配置 SVN

略,具体过程请参见第五章。

2. Import 项目

略,具体过程请参见第五章。

3. Checkout 文件、Update 文件

略,具体过程请参见第五章。

4. Merge 文件

略,具体过程请参见第五章。

5. 回退文件

略,具体过程请参见第五章。

6. Export 项目

略,具体过程请参见第五章。

7. 查看文件历史版本

略,具体过程请参见第五章。

参 考 文 献

[1][美]查特菲尔德,约翰逊. Project 2007 从入门到精通[M].汤涌涛,译.北京:清华大学出版社,2007.

[2][美]马默. PROJECT 2007 宝典[M].安晓梅,范书义,译.北京:人民邮电出版社,2008.

[3]张会斌,张光海. Project 2007 企业项目管理实践[M].北京:人民邮电出版社,2008.

[4]张胜强,王文霞,高勇.中文版 Project 2007 实用教程[M].北京:清华大学出版社,2011.

[5]景丽,杨继萍. Project 2007 中文版项目管理[M].北京:清华大学出版社,2010.

[6]Lambert M Surhone, Mariam T Tennoe, Susan F Henssonow. TortoiseSVN[M]. Saarbrücken：VDM Verlag Dr. Müller GmbH& Co. KG, 2010.

[7]Lesley Harrison. TortoiseSVN 1. 7 Beginner's Guide[M]. Birmingham：Packt Publishing Limited, 2011.